写给程序员的数据挖掘实践指南

［美］Ron Zacharski 著

王斌 译

人民邮电出版社

北京

图书在版编目（CIP）数据

写给程序员的数据挖掘实践指南 /（美）扎哈尔斯基（Zacharski,R.）著；王斌译. -- 北京：人民邮电出版社，2015.11（2016.4重印）
ISBN 978-7-115-33635-4

Ⅰ. ①写… Ⅱ. ①扎… ②王… Ⅲ. ①数据处理—指南 Ⅳ. ①TP274-62

中国版本图书馆CIP数据核字（2015）第142432号

版权声明

Simplified Chinese translation copyright ©2015 by Posts and Telecommunications Press
ALL RIGHTS RESERVED
A Programmer's Guide to Data Mining by Ron Zacharski
Copyright © 2013 by Ron Zacharski

本书中文简体版由作者 Ron Zacharski 授权人民邮电出版社出版。未经出版者书面许可，对本书的任何部分不得以任何方式或任何手段复制和传播。
版权所有，侵权必究。

- ◆ 著　　　　［美］Ron Zacharski
　　译　　　　王　斌
　　责任编辑　陈冀康
　　责任印制　张佳莹　焦志炜
- ◆ 人民邮电出版社出版发行　北京市丰台区成寿寺路 11 号
　　邮编　100164　电子邮件　315@ptpress.com.cn
　　网址　http://www.ptpress.com.cn
　　北京中石油彩色印刷有限责任公司印刷
- ◆ 开本：800×1000　1/16
　　印张：20.25
　　字数：403 千字　　　　　　2015 年 11 月第 1 版
　　印数：3001 – 3 800 册　　　2016 年 4 月北京第 2 次印刷

著作权合同登记号　图字：01-2013-0776 号

定价：59.00 元
读者服务热线：（010）81055410　印装质量热线：（010）81055316
反盗版热线：（010）81055315

内 容 提 要

数据挖掘一般是指从大量的数据中通过算法搜索隐藏于其中信息的过程。大多数数据挖掘的教材都专注于介绍理论基础，因而往往难以理解和学习。

本书是写给程序员的一本数据挖掘指南，可以帮助读者动手实践数据挖掘、应用集体智慧并构建推荐系统。全书共 8 章，介绍了数据挖掘的基本知识和理论、协同过滤、内容过滤及分类、算法评估、朴素贝叶斯、非结构化文本分类以及聚类等内容。本书采用"在实践中学习"的方式，用生动的图示、大量的表格、简明的公式、实用的 Python 代码示例，阐释数据挖掘的知识和技能。每章还给出了习题和练习，帮助读者巩固所学的知识。

本书适合对数据挖掘、数据分析和推荐系统感兴趣的程序员及相关领域的从业者阅读参考；同时，本书也可以作为一本轻松有趣的数据挖掘课程教学参考书。

作者简介

Ron Zacharski 拥有软件开发和计算语言学方面的背景。他是一位计算机科学副教授,并且为从事机器学习和信息提炼的几家创业公司担任过咨询顾问。此前,他在 New Mexico 的计算研究实验室工作,从事机器翻译、特别是人们较少学习的语言方面的研究工作。他曾获得明尼苏达大学计算机科学博士学位,爱丁堡大学的语言学博士后,并且拥有音乐艺术学士学位。他还是一位松冈操雄曹洞宗的禅师。

译者简介

王斌　博士,中国科学院信息工程研究所研究员,博士生导师,中国科学院大学兼职教授,研究方向为信息检索、自然语言处理与数据挖掘。主持国家 973、863、国家自然科学基金、国际合作基金、部委及企业合作等课题近 30 项,发表学术论文 130 余篇,领导研制的多个系统上线使用,曾获国家科技进步二等奖和北京市科学技术二等奖各一项。现为中国中文信息学会理事、信息检索、社会媒体处理、语言与知识计算等多个专业委员会委员、《中文信息学报》编委、中国计算机学会高级会员及中文信息处理专业委员会委员。多次担任 SIGIR、ACL、CIKM 等会议的程序委员会委员。《信息检索导论》、《大数据:互联网大规模数据挖掘与分布式处理》、《机器学习实战》、《Mahout 实战》的译者。2006 年起在中国科学院大学讲授《现代信息检索》研究生课程,该课程曾获全校优秀课程称号,累计选课人数已超过 1500 人。迄今培养博士、硕士研究生近 40 名。

译 者 序

这些年来，朋友见面老问我的一句话就是：王斌，你又翻译什么书了？确实，从2008年翻译第一本书《信息检索导论》开始，我就有点一发不可收拾，先后独自或合作翻译了《大数据：互联网大规模数据挖掘与分布式处理》（包括第一版和第二版）、《机器学习实战》、《Mahout实战》、《驯服文本》（待出版）5本书6个版本。"翻译"已经成为我的标签之一。应该说，翻译带来的最大乐趣来自和大家共享好书的喜悦，这种喜悦会传递到我的工作上、生活中，带来满满的正能量。我选择翻译的书的内容都不会超出信息检索、数据挖掘、机器学习、自然语言处理这些范围，这也是我相对比较了解的研究领域。在选择书籍时我并不限定到底是学术著作还是实用手册，只要能对很多读者有较大帮助就行。

本书的宗旨是为程序员提供快速的数据挖掘入门指南。整本书通过真实数据和实例来阐述数据挖掘中的基本技术。书中实例的Python代码和相应数据都可以从网站免费下载获得，读者可以利用这些代码和数据进行实际操作，从而快速掌握数据挖掘的基本概念和技术。书中的实例都特别贴近读者的生活，包括音乐推荐、运动员分类、糖尿病判定等例子都和我们的生活息息相关。

值得一提的是，本书实例中用到的运动员都是真名实姓，好多运动员的大名都如雷贯耳，其中也不乏中国运动员。即使有些运动员我之前并不熟悉，但是网上搜索之后都可以看到一段段运动明星的介绍。对于特别喜欢体育运动的我来说，见到这些名字，看到这一段段介绍，都让我兴奋不已。与这些体育明星相关的实例是我最喜欢翻译的内容之一。和其他很多技术类书籍不同的是，本书引入了很多生动活泼的插图和文字。这些插图中的人物或欢喜、或悲伤、或激动、或愤怒、或思考、或俏皮、或悠闲、或忙碌，这些插图在体现人生百态的同时，也大大缩短了技术和读者之间的距离。本书的另一个特点是十分简洁，作为入门指南，简洁确实是生命线。

本书作者Ron Zacharski的经历颇具传奇色彩：他初学音乐，做了十年的音乐理疗师。后获得计算机科学博士学位，专攻自然语言处理。现在是一名软件开发工程师，同时也是一名禅宗信奉者。这也是作者一开始就引入日本禅宗大师铃木俊隆（Shunryu Suzuki）的名作《禅者的初心》的原因。对于禅宗我并不了解，查阅一番之后也是懵懵懂懂，只知道禅宗对大名鼎鼎的苹果公司 CEO 乔布斯产生过巨大的影响。或许禅宗的思想体现在整本书的写作当中，等待有心的读者去发现、去领略。

感谢出版社和编辑部的辛勤工作，感谢译者所在的中国科学院信息工程研究所第二研究室的领导、同事以及译者家人对翻译本书的大力支持。

因本人各方面水平有限，现有译文中肯定存在许多不足。希望读者能够和我进行联系，以便能够不断改进。来信请联系 wbxjj2008@gmail.com。

王 斌

2015 年 4 月 29 日 于闵庄路

序

这种简单的练习如果持之以恒，就会获得某种神奇的力量。在获得之前，它很神奇，但是获得之后，却也平淡。

铃木俊隆（Shunryu Suzuki）

《禅者的初心》（Zen Mind, Beginner's Mind[①]）

在阅读本书之前，你可能认为Pandora[②]、Amazon推荐系统、恐怖分子自动数据挖掘系统这样的系统十分复杂，其算法背后的数学一定复杂到只有博士才能理解。你可能会认为这些系统的开发人员都像火箭研制专家一样厉害。本书的写作目的之一就是掀开上述复杂性的"面纱"，展示其背后的一些最基本的东西。我们得承认 Google、美国国家安全局以及其他一些地方有很多超级聪明的天才，他们能够开发出令人炫目的复杂算法，但是大多数情况下，数据挖掘只依赖于一些通俗易懂的原理。在阅读本书之前，你可能认为数据挖掘是一个相当惊艳的技术，而读完本书之后，我希望你会说数据挖掘其实平谈无奇。

上面的日文字符表示的是"初心"（Beginner's Mind）这个概念，即一种热切探索各种可能的开放心态。我们当中大部分人都听说过下面这个故事的某个版本（也许来自李小龙的《猛龙过江》）：

[①] 日本禅师铃木俊隆用英文所著的"Zen Mind，Beginner's Mind"（中文译名《禅者的初心》）是畅销英语世界30年的禅学著作，据说对乔布斯一生影响很大。其中文版于2004年出版。——译者注
[②] Pandora 电台在美国、澳大利亚和新西兰提供自动音乐推荐系统服务，地址为 http://www.pandora.com。——译者注

某位教授在寻求心灵的启迪，他拜访一位大师以求精神上的指引。在大部分时间内教授滔滔不绝，包括列举他在生活中学到的所有东西以及撰写的所有论文。大师问："喝茶吗？"然后就开始将茶倒入教授的茶杯，一直倒呀倒呀，直到茶溢出茶杯，流到桌子上、地板上……教授大叫："你在干什么？"大师说："倒茶。"然后接着说："你的心就像这个茶杯，它被各种思想所占据，已经没法再听进任何东西了。在我们开始探讨之前，你必须要清空你的心灵。"

对我来说，最优秀的程序员就是空茶杯，他们能够以开放的心态不断地探索新技术（noSQL、noge-js 等）。而普通程序员的心被各种错觉杂念所缠绕，比如 C++很好、Java 很差、PHP 是 Web 开发的唯一方式、MySQL 是唯一考虑的数据库，等等。我希望你从本书中找到一些有价值的思想，并且希望读者在阅读时保持初心。正如铃木俊隆所说的那样：

初学者的思维饱含可能，久习者的思维则饱受羁绊。

前　　言

在你面前是一个学习基本的数据挖掘技术的工具。绝大多数数据挖掘教材关注数据挖掘的基础理论知识，因此众所周知给读者带来理解上的困难。当然，不要误解我的意思，那些书中的知识相当重要。但是，如果你是一名想学习一点数据挖掘知识的程序员，你可能会对入门者实用手册感兴趣。而这正是本书的宗旨所在。

本书内容采用"做中学"的思路来组织。我希望读者不是被动地阅读本书，而是通过课后习题和本书提供的 Python 代码进行实践。我也希望读者积极参与到数据挖掘技术的编程当中。本书由一系列互为基础的小的知识点堆积而成，学完本书以后，你就对理解数据挖掘的各种技术打下了基础。

本书各章内容简介

第 1 章　数据挖掘简介及本书使用方法

介绍数据挖掘的概念以及处理的问题，并给出本书学习结束后读者的预期收获。

第 2 章　协同过滤——爱你所爱

介绍社会过滤，给出了多个基本距离的定义，包括曼哈顿距离、欧氏距离以及明式距离等。介绍了皮尔逊相关系数的概念。给出了一个基本过滤算法的 Python 实现。

第 3 章　协同过滤——隐式评级及基于物品的过滤

讨论可用的用户评级类型。用户可以显式给出评级（点赞/点差、5 星或者其他评级方式），也可以隐式给出评级，比如如果用户从亚马逊网站购买了一款 MP3 播放器，那么就可以认为这种购买行为代表了"喜欢"。

第 4 章　内容过滤及分类——基于物品属性的过滤

前面章节中使用了用户对商品的评级信息来进行推荐。本章利用商品本身的属性来进行推荐。包括 Pandora 在内的一些公司中采用了这种做法。

第 5 章 分类的进一步探讨——算法评估及 kNN

介绍分类器的评估方法，包括 10 折交叉测试、留一法和 Kappa 统计量，此外还介绍了 kNN 算法。

第 6 章 概率及朴素贝叶斯——朴素贝叶斯

探讨朴素贝叶斯分类方法，利用概率密度函数来处理数值型数据。

第 7 章 朴素贝叶斯及文本——非结构化文本分类

介绍如何利用朴素贝叶斯对非结构化文本分类。我们能否对谈论某个电影的推文进行分类，以确定它们的情感倾向性到底是正向还是反向的？

第 8 章 聚类——群组发现

聚类，包括层次聚类和 k-means 聚类。

目 录

第 1 章 数据挖掘简介及本书使用方法 1
    欢迎来到 21 世纪 2
    并不只是对象 5
    TB 级挖掘是现实不是科幻 7
    本书体例 9

第 2 章 协同过滤——爱你所爱 14
    如何寻找相似用户 15
    曼哈顿距离 16
    欧氏距离 16
    N 维下的思考 18
    一般化 22
    Python 中数据表示方法及代码 24
    计算曼哈顿距离的代码 25
    用户的评级差异 28
    皮尔逊相关系数 30
    在继续之前稍微休息一下 35
    最后一个公式——余弦相似度 36
    相似度的选择 40
    一些怪异的事情 43
    k 近邻 44
    Python 的一个推荐类 47
    一个新数据集 54

第 3 章 协同过滤——隐式评级及基于物品的过滤 56

隐式评级 57

　　调整后的余弦相似度 67

　　Slope One 算法 76

　　Slope One 算法的粗略描述图 77

　　基于 Python 的实现 83

　　加权 Slope One：推荐模块 88

　　MovieLens 数据集 90

第 4 章　内容过滤及分类——基于物品属性的过滤 93

　　一个简单的例子 98

　　用 Python 实现 101

　　给出推荐的原因 102

　　一个取值范围的问题 104

　　归一化 105

　　改进的标准分数 109

　　归一化 vs. 不归一化 111

　　回到 Pandora 112

　　体育项目的识别 119

　　Python 编程 123

　　就是它了 133

　　汽车 MPG 数据 135

　　杂谈 137

第 5 章　分类的进一步探讨——算法评估及 kNN 139

　　训练集和测试集 140

　　10 折交叉验证的例子 142

　　混淆矩阵 146

　　一个编程的例子 148

　　Kappa 统计量 154

　　近邻算法的改进 159

一个新数据集及挑战 163
　　更多数据、更好的算法以及一辆破公共汽车 168

第 6 章 概率及朴素贝叶斯——朴素贝叶斯 170
　　微软购物车 174
　　贝叶斯定理 177
　　为什么需要贝叶斯定理 185
　　i100 i500 188
　　用 Python 编程实现 191
　　共和党 vs. 民主党 197
　　数字 205
　　Python 实现 214
　　这种做法会比近邻算法好吗 221

第 7 章 朴素贝叶斯及文本——非结构化文本分类 226
　　一个文本正负倾向性的自动判定系统 228
　　训练阶段 232

第 8 章 聚类——群组发现 256
　　k-means 聚类 281
　　SSE 或散度 289
　　小结 303
　　安然公司 305

第 1 章
Chapter 1

数据挖掘简介及本书使用方法

假想150年前一个美国小镇的生活情形：大家都互相认识；百货店某天进了一批布料，店员注意到这批布料中某个特定毛边的样式很可能会引起Clancey夫人的高度兴趣，因为他知道Clancey夫人喜欢亮花纹样；于是他在心里记着等Clancey夫人下次光顾时将该布料拿给她看看；Chow Winkler告诉酒吧老板Wilson先生，他考虑将多余的雷明顿（Renmington）[①]来福枪出售；Wilson先生将这则消息告诉Bud Barclay，因为他知道Bud正在寻求一把好枪；Valquez警长及其下属知道Lee Pye是需要重点留意的对象，因为Lee Pye喜欢喝酒，并且性格暴躁、身体强壮。100年前的小镇生活都与人和人之间的联系有关。

人们知道你的喜好、健康和婚姻状况。不管是好是坏，大家得到的都是个性化的体验。那时，这种高度个性化的社区生活占据了当时世界上的大部分角落。

时间走过100年之后来到了20世纪60年代。个性化交互的可能性虽然有所下降但仍然存在。本地书店的店员可能会告诉某个常客"书店里上架了James Michener[②]的新书"，这是

---

① 雷明顿（Renmington），著名的枪械厂商。——译者注
② James Michener（詹姆斯·麦切纳，1907-1997），美国著名的历史小说家。——译者注

因为他知道该顾客喜欢 James Michener 的作品。或者，店员可能向顾客推荐 Barry Goldwater[①]写的 *The Conscience of a Conservative*，这是因为他知道该顾客是个坚定的保守派。某个常客去餐馆就餐，服务员可能会问"是不是像以往一样点餐？"

即使到今天，个性化仍然大量存在。我去 Mesilla 的一个本地咖啡店，咖啡店员会问我："来一大杯加强的浓缩拿铁咖啡？"这是因为他知道这是我每天必点的品种。我将贵妇犬交给宠物美容师，她也不需要问我要修剪的样式。她知道我喜欢无修饰运动型及德式耳型。

但是从 100 年前的小镇开始，情况就有所改变。大型百货店和商场代替了街坊的百货店和其他商店。这种改变刚开始时，人们的选择还十分有限。Henry Ford 曾经说过"只要这车是黑的，顾客就可以把车漆成任何他想要的颜色"[②]。唱片店出售的唱片数目是有限的，而书店出售的书也有限。想要冰激凌？只有香草味、巧克力味或者是草莓味几种。想要洗衣机？1950 年时本地 Sears 商店[③]只有两种型号：一种是售价 55 美元的标准型，另一种是售价 95 美元的豪华型。

欢迎来到 21 世纪

进入 21 世纪，有限的选择已经成为历史。如果想购买音乐，iTunes 提供了 1100 万首歌曲供你选择。这可是 1100 万！截止到 2011 年 10 月，iTunes 已经出售了 160 亿首歌曲。如果需要更多的选择，那么可以访问 Spotify[④]，它上面有超过 1500 万首的歌曲可供选择。

想买书？亚马逊上有超过 200 万的书名可供选择。

---

① Barry Goldwater（巴里·戈德华特，1909-1998），美国政治家，共和党人，曾任亚利桑那州参议员，是 1964 年美国总统选举共和党的总统候选人。*The Conscience of a Conservative* 是其 1960 年出版的一本书。——译者注
② Henry Ford（亨利·福特，1863-1947），美国福特汽车公司的建立者。有人指出，他讲这句话是为当时制造的车只能是黑色而找借口。——译者注
③ Sears，著名零售公司。——译者注
④ Spotify，一个起源于瑞典的音乐平台，提供包括四大唱片公司和众多独立厂牌在内的约 1500 万首歌曲的流媒体服务。——译者注

想看视频？可以有如下多种选择。

超过10万部视频

近5万部视频

超过10万部视频

想买一台笔记本电脑？当在亚马逊网站的搜索框中输入 laptop 时，会返回 3811 条结果。

而如果输入 rice cooker（电饭锅），则可以得到超过 1000 条结果。

在不久的将来，我们的选择还会更多：数十亿首在线音乐、大量视频节目以及可以通过 3D 打印定制的产品，等等。

寻找相关对象

面对这么多选择，问题在于寻找相关对象。在 iTunes 的所有 1100 万首歌曲中，我非常喜欢的可能有不少，但是问题在于如何找到这部分歌曲。今晚我想从 Netflix 上观看一部流媒体视频，那么到底应该看哪一部？我想使用 P2P 下载一部视频，但是到底应该下载哪一部？并且，上述问题正变得更加糟糕：每分钟都有数 T 字节的媒体加入到网络中，每分钟 Usenet 上就有 100 个新文件，每分钟都有 24 小时时长的视频上传到 YouTube，每小时都有 180 种新书出版发行。实际上，每天真实世界中都有越来越多的物品可供购买。在所有可选对象组成的"海洋"中，寻找相关对象变得越来越困难。

如果你是媒体制作人，比如马来西亚的季小薇（Zee Avi），那么风险并不在于有人非法下载你的音乐，而在于你自己默默无闻。

但如何寻找对象？

在前面提到的多年以前的小镇上，我们通过**朋友**来寻找相关对象。通过朋友，我们知道那款布料的纹样非常符合我们的要求，那本新小说能在书店找到，还有能够在唱片店找到那款新的 33 1/3 LP 唱片（黑胶唱片）等。即使今天我们还依赖朋友来寻找相关对象。

我们也通过**专家**来寻找相关内容。多年前 Consumer Reports[①] 可以对出售的所有 20 种型号的洗衣机或者所有 10 种型号的电饭锅进行评估，从而对顾客进行推荐。现在，在亚马逊网站上有数百种型号的电饭锅，不太可能单个专家就能对所有这些电饭锅进行评级。多年前，Roger Ebert[②] 几乎能够评论所有的影片。但是现在全世界一年会制作大约 25000 部影片。此外，我们还可以从多个片源来访问影片。不论是 Roger Ebert 还是任意单个专家，都无法评论我们能观看的所有影片。

我们也使用**对象本身**的信息来寻找它们。例如，在长达 30 年的时间里我使用了一台 Sears 洗衣机，现在我想换另一台 Sears 洗衣机。我喜欢披头士乐队的某张唱片，那么很可能会购买他们的另一个唱片，这是因为我有很大的可能也会喜欢这个唱片。

> 上述通过朋友、专家或者对象本身的信息寻找相关对象的方法到今天仍在使用。不过，我们需要一些计算上的辅助才能满足 21 世纪的要求，因为我们现在有数十亿的选择可能。

本书将会探讨聚合人们的喜好、购买历史及其他数据的方法，也将利用社会网络（朋友）的威力，挖掘出相关的对象。例如，我喜欢 Phoenix 这个乐队。系统可能知道 Phoenix 乐队的属性包括使用电声摇滚乐器、有朋克效果、巧妙使用声乐等。于是，它可能向我推荐一个属性相似的乐队，比如 The Strokes 乐队。

---

① Consumer Reports 是 1936 年开始由美国消费者协会创办的月刊。——译者注
② Roger Ebert（罗杰·埃伯特，1942-2013），美国影评人、剧本作家，普利策奖获得者。——译者注

并不只是对象

数据挖掘不仅仅只与对象推荐有关,也不只是帮助销售者卖掉更多的物品。考虑如下的例子。

100年前那个小镇的镇长认识所有人。当竞选连任时,他知道对每个人怎样说才最合适。

Matrha,我知道你关注学校问题,我会尽最大的努力再为镇上引进一名教师。

John,你的面包店干得怎样?我承诺在你所在的繁华地带建更多的停车位。

社会党人Frank Zeidler从1948年到1960年担任Milwaukee的市长。

我父亲隶属于全美汽车工人协会,我记得在选举期间协会代表会登门造访并提醒父亲为哪位候选人投票:

嗨,Syl,夫人和孩子都还好吧?……现在我来告诉你为什么要投社会党市长候选人 Frank Zeidler 的票……

随着电视的兴起,上述个性化的政治广告词变成了千篇一律的电视广告。每个人看到的广告词都一模一样。一个好例子是支持 Lyndon Johnson[1](该广告的画面上有一个年轻小女孩从菊花上摘花瓣,而在她身后一颗核弹正在爆炸)的著名《雏菊女孩》电视广告[2]。今天,由于选举取决于很小的差异和日益增长的数据挖掘应用,个性化得以再次回归。假如你对妇女的选举权感兴趣,那么你可能会接到直接与这个主题相关的自动答录电话(Robocall)[3]。

前面提到的小镇的警长很清楚哪些人会制造麻烦。但是现在威胁呈现出潜伏的趋势,恐

---

[1] Lyndon Johnson(林登·约翰逊,1908-1973),第三十六任美国总统。——译者注
[2] 该广告英语名为"Daisy",又名"Daisy Girl"或"Peace, Little Girl",是1964年美国总统选举时候选人林登·约翰逊一方推出的一部备受争议的电视竞选广告,通过该广告抨击另一候选人上台后可能的风险。——译者注
[3] 自动答录电话指的是由计算机系统自动拨号,播放事先录制的电话留言的宣传电话。Robocall 是产品促销和政治竞选的常用手段。——译者注

怖分子有可能出现在任何地区。2001 年美国政府通过了美国爱国者法案（Uniting and Strengthening America by Providing Appropriate Tools Required to Intercept and Obstruct Terrorism，Patriot Act）。该法案在某种程度上允许调查人员从多个数据源获得记录，这些数据源包括我们借书的图书馆、停留的宾馆、信用卡公司及我们通过

并登记过的收费站，等等。政府主要通过私人公司来保留我们的数据。像 Seisint 一样的公司几乎拥有我们大部分人的数据，包括相片、居住地、私家车型号、收入、购买行为及朋友等等。Seisint 拥有超级计算机并使用数据挖掘技术来对人们进行预测。他们的这款产品称作——The Matrix。

根据数据挖掘可以对已做的事进行扩展

史蒂芬·贝克（Stephen Baker）在他的书 *The Numerati* 中一开始就这样写到：

> 假想你在一个咖啡店，或许就是我现在正在坐着的嘈杂小店中。在你右座上坐着一个年轻女士，她正在使用笔记本电脑。你抬起头看了看她的屏幕。你看到她正在浏览互联网。
>
> 几个小时过去后，她开始阅读在线新闻。你注意到她阅读了 3 份有关中国的新

闻报道。随后，她开始寻找周五晚上的电影信息，之后浏览了《功夫熊猫》的预告短片。她点击了一条承诺可以帮她找到高中老同学的广告。你坐在那里记着笔记，每过去一分钟，你会更进一步了解那位女士。现在假想一下你可以观察 1.5 亿人同时发生的浏览行为。

数据挖掘关注数据中的模式发现。当数据规模很小的时候，我们很擅长在心里建立模型并发现模式。我想今天晚上和太太一起看电影。我心里知道我太太喜欢什么电影。我还知道她不喜欢暴力片（所以她不喜欢《第 9 区》）。她喜欢查理·考夫曼（Charlie Kaufman）的电影。我可以利用这种心里的关于我太太的电影偏好模型来预测她可能喜欢或不喜欢哪些影片。

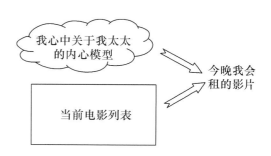

一个朋友从欧洲过来访问。我知道她是个素食主义者，利用这个信息我可以预测她不会喜欢本地的牛排餐厅。人们善于构建模型并进行预测。数据挖掘能够扩展这种能力，让我们能够处理大量信息，比如上面史蒂芬·贝克提到的 1.5 亿人。这也能使得 Pandora 音乐服务按照你的特定音乐喜好构建音乐电台，也能使 Netflix 为你进行特定的个性化电影推荐服务。

TB 级挖掘是现实不是科幻

20 世纪末，100 万词的数据集被认为很大。20 世纪 90 年代我在读研究生时（是的，我有那么老）在 Greek New Testament 做了一年程序员。大约 20 万单词的分析就大到不能放在主机内存里而不得不把结果缓存在磁带上，因此必须要安装磁带机。

> Barbara Friberg 依据该结果写成 *Analytical Greek New Testament* 一书并公开出版（可以从亚马逊网站上订购）。我是当时在明尼苏达大学完成该项目的 3 名程序员之一。

现在在数T信息上进行数据挖掘已经司空见惯。Google拥有5PB（即5000TB）的Web数据。2006年Google公开了一份1万亿单词的数据供学术界使用。国家安全局拥有数万亿次电话记录。一个搜集2亿美国成人信息（信用卡交易、电话记录、医疗记录、车辆登记等）的Acxion公司已经积累了超过1PB的数据。

一个PB服务器集装箱

为了让人们深入理解1PB信息到底有多大，《无处可藏》（*No Place to Hide*）的作者格伦·格林沃尔德（Robert O' Harrow Jr.）指出，这相当于将钦定版《圣经》（*King James Bible*）堆积成80000公里厚。我常常驾车往返于新墨西哥和维吉尼亚，大约有3200公里的距离。当我试图想象将圣经堆满整条道路时，才知道1PB几乎是个天文数字。

从新墨西哥到维吉尼亚

整个国会图书馆的文本大约有 20TB，可以将这些数据保存在价值高昂的硬盘上！与此形成鲜明对照的是，沃尔玛拥有超过 570TB 的数据。所有的数据并不只是待在那儿，往往要对它们进行挖掘、产生关联规则、识别有用模式。这称为 TB 级挖掘（Tera-mining）。

本书自始至终所用到的数据集都非常小。这是件好事情。我们不希望对算法运行一周时间而只是为了发现其中的逻辑错误。本书所使用的最大数据集不到 100MB，而最小的数据集只有几十行。

本书体例

本书秉承践行学习法。我建议大家用书中提供的 Python 代码来进行习题练习和实验，而不是被动地阅读本书。多多实验、深入代码并在多个不同数据集上尝试本书中的方法是真正理解技术的关键。

我努力做到如下两个方面之间的平衡：一方面，我详细介绍实用的数据挖掘 Python 代码以便读者可以使用并对其进行修改；另一方面，读者也能了解背后的数据挖掘技术。为防止读者阅读理论、数学及 Python 代码时大脑的思维停滞，我加入插图和图片来刺激大脑的另一部分。

Google 研究院院长彼得·诺维德（Peter Norvig）在他的 Udacity 在线课程《计算机程序

设计》中提到：

> 下面我会给出我的解答并讨论。需要注意的是，一个问题可能有多种解决方法。我并不是说我的解答就是唯一的或者最好的。我的解答只是为了让你学习某种编程风格或者技术。如果大家用另外一种方法解决了问题，那很好，真的很好。
>
> 所有的学习过程都发生在你的大脑中而非我的大脑中。因此，重要的一点是理解你的代码和我的代码之间的关系以及自己得到解答方法，这样你就能检查我的代码，之后或许能够挑出几项以后可以使用的线索或技术。

我十分同意上述说法

本书并不是全面介绍数据挖掘技术的教材。市面上有一些教材，比如 Pang-Ning Tan、Michael Steinbach 及 Vipin Kumar 合著的《数据挖掘导论》（*Introduction to Data Mining*），该教材提供了这些方法的数学基础的深入介绍。而你拿到的本书却是为了提供一个快速、粗略的实用性入门介绍，通过它可以了解数据挖掘技术的基础知识。之后，你可以选择一本更精深的书来填补可能的差距。

本书具有可用性的内容还包括随书附带的 Python 代码和数据集。我认为这两者的加入会使学习者更容易理解关键概念，同时学习者也不用通过逐行敲入代码来进行学习。

学完本书之后可以做的事

学完本书之后，你可以使用 Python 或者任意一种你所了解的语言设计实现 Web 网站的推荐系统。例如，当你浏览 Amazon 的某款商品或者 Pandora 的某首歌曲时，一些你可能喜欢的推荐结果也会展示给你。你将学会如何开发这样的系统。此外，本书会提供足够的词汇以使你在数据挖掘开发团队中顺利开展工作。

本书的一个目的是可以帮大家揭开推荐、恐怖识别及其他数据挖掘系统的神秘"面纱"。

你至少会对这些系统的运行过程有一个大致的了解。

为什么这本书很重要

为什么你应该花费时间来学习这本关于数据挖掘的书？本章一开始我给出了数据挖掘的几个重要示例。那一部分可以概括如下：存在很多对象（包括电影、音乐、书籍、电饭锅等），这些对象的规模都将急剧增长。这么多对象出现之后的一个问题就是如何找到与我们相关的对象。在所有电影当中，应该看哪些电影？我应该读的下一本书是什么？识别相关内容是数据挖掘要完成的任务。很多 Web 网站都有专门处理"内容查找"任务的组件。除了上面提到的电影、音乐、书籍及电饭锅之外，你可能还希望推荐关注哪些朋友。如果一份个性化的报纸只展示你感兴趣的内容，你会觉得怎么样？如果你是程序员，尤其是 Web 开发人员，了解数据挖掘技术十分有用。

好了，现在你该明白为什么要花时间来学习数据挖掘了，但是为什么选择这本书呢？也有一些书从非技术的角度对数据挖掘进行全面的介绍，也存在快速阅读、饶有趣味、价格便宜、适合夜读的书。史蒂芬·贝克（Stephen Baker）撰写的 *The Numerati* 是一本好书。我强烈推荐这本书。我在弗吉尼亚和新墨西哥之间驾车时听过这本书的音频版本，这本书确实引人入胜。另一个极端是大学的数据挖掘教材。它们提供了数据挖掘理论和实现的全面深入的分析。我写这本书的目的在于填补上述两者之间的鸿沟。该书为喜欢编程的人设计，这些人也往往称为黑客（hacker）。

这本书适合在计算机边阅读，这样读者可以通过代码来实践

哎呀！

书中也包含数学公式，但是我试图按照普通程序员可以理解的方式来解释这些公式。这些程序员可能忘记了大学时学过的大半数学知识。

$$s(i,j) = \frac{\sum_{u \in U}(R_{u,i} - \overline{R}_u)(R_{u,j} - \overline{R}_u)}{\sqrt{\sum_{u \in U}(R_{u,i} - \overline{R}_u)^2}\sqrt{\sum_{u \in U}(R_{u,j} - \overline{R}_u)^2}}$$

如果上面这些还不能说服你的话，我要说的是，本书是免费的，即你完全可以免费共享。

为什么书名中包含"Ancient Art of the Numerati"

2010 年 6 月，我开始考虑书名的事情。我喜欢很聪明的书名，但是不幸的是，我没有这方面的天赋。最近我发表了一篇标题为 *Linguistic Dumpster Diving: Geographical Classification of Arabic Text* 的论文（对，是一篇数据挖掘的论文）。我很喜欢这个标题，因为它与文章内容完全吻合所以显得十分聪明，但是我必须承认这个标题是我太太的主意。我曾经与人合写了一篇标题为 *Mood and Modality: Out of the theory and into the fray* 的论文。它是我的合作者 Marjorie McShane 给的标题。总之，回到 2010 年 6 月，我所有的聪明主意都太含糊，所以你不知道这本书到底要讲什么。最后，我将"写给程序员的数据挖掘实践指南"作为书名的一部分。我相信这给出了本书内容的一个清晰的描述，即这本书是为了给程序员提供入门介绍的。你可能会对如下冒号后面的一句话感到迷惑不解：

A Programmer's Guide to Data Mining: The Ancient Art of the Numerati.

Numerati 是史蒂芬·贝克（Stephen Baker）构造的一个术语。我们每个人每天都会产生数量惊人的数字化数据。这些数据包括信用卡交易、Twitter 上的推文、Gowalla 上的帖子、Foursquare 上的签到信息、手机通话、邮件、短信，等等。

你一起床，The Matrix 就知道你 7:10 会在 Foggy Bottom 站乘地铁，7:32 在 Westside 站下车，然后 7:45 在 5th and Union 的星巴克饮一大杯拿铁咖啡，同时吃蓝莓司康饼。你利用 Gowalla 进行上班打卡，9:35 在亚马逊上购买 P90X 家庭健身锻炼计划（Extreme Home Fitness Workout Program）的 13 张 DVD 套装以及一个单杠，然后在 Golden Falafel 吃午饭。

史蒂芬·贝克写到：

> 能够弄清构建数据意义的人仅仅是那些高明的数学家、计算机科学家和工程师。当让我们面对这些眼花缭乱的数据组合时,这些 Numerati 究竟能够从我们身上学到什么？假定你是纽约北郊区的一个潜在的越野车（SUV）客户，或者是阿尔伯克基（Albuquerque）市一个经常去教堂做礼拜的反堕胎民主党人。或许你是一个将迁到印度南部城市海得拉巴（Hyderabad）的 Java 程序员，或许是一个正在寻找国内徒步线路、喜欢喝基安蒂红葡萄酒的射手座爵士乐爱好者，此时正在斯德哥尔摩的壁炉边暖暖而坐。不管你是什么人，我们每个人都涉及方方面面的东西，而公司和政府都想对你进行识别和定位。

正如你或许可以猜到的那样，我喜欢术语 Numerati 以及史蒂芬·贝克对它的描述。

第 2 章
Chapter 2

协同过滤——爱你所爱

下面我们将考察推荐系统,从而开始我们的数据挖掘探索之旅。从亚马逊的商品推荐到 last.fm 的音乐或演唱会推荐,推荐系统无处不在:

浏览该商品的顾客同时也购买了:

在上述亚马逊的例子当中,亚马逊通过组合两部分信息进行推荐。第一部分信息是我浏览了 Gene Reeves 翻译的 *The Lotus Sutra* 一书,第二部分信息是浏览本书的顾客同时也浏览的其他译著。

这一章考察的推荐方法称为协同过滤（collaborative filtering）。之所以称为"协同"是因为该方法基于其他用户进行推荐。实际上，人们通过协同合作来形成推荐。其工作流程如下：假设要完成的任务是推荐一本书给你。我会在网站上搜索与你兴趣类似的其他用户。一旦找到这个用户，就看看这个用户所喜欢的书然后将它们推荐给你，比如 Paolo Bacigalupi 的 *The Windup Girl*。

如何寻找相似用户

因此，推荐的第一步就是要找到相似用户。这里给出一个简单的二维平面下的解释。假设用户可以对书采用 5 星来评级：0 意味着很差，而 5 则意味着非常好。由于我们只考虑简单的二维情况，因此下面只考虑对 Neal Stephen 的 *Snow Crash* 和 Steig Larsson 的 *Girl with the Dragon Tatto* 这两本书进行评级的情况。

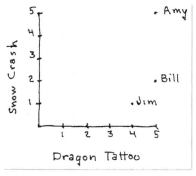

首先，下面给出了 3 个用户对这两本书的评级结果：

	Snow Crash	Girl with the Dragon Tattoo
Amy	5☆	5☆
Bill	2☆	5☆
Jim	1☆	4☆

接下来要给一个神秘用户 X 女士推荐一本书，她给 *Snow Crash* 打了 4 星，而给 *Girl with*

the Dragon Tattoo 只打了 2 星。第一步就是要找到与 X 女士最类似或者最近的用户，可以通过计算距离来实现这一点。

曼哈顿距离

最容易的距离计算方法是计算所谓的曼哈顿距离（Manhattan Distance）或者说驾车距离（cab driver distance）。在二维情况下，每个用户表示为点(x,y)，可以对 x、y 引入下标来表示不同的人。因此，(x_1, y_1)可能是 Amy，而(x_2, y_2)则可能是神秘的 X 女士。于是，她们之间的曼哈顿距离可以采用下式来计算：

$$|x_1 - x_2| + |y_1 - y_2|$$

即分别计算 x 坐标和 y 坐标的差值的绝对值然后求和。因此，Amy 和 X 女士的曼哈顿距离是 4。

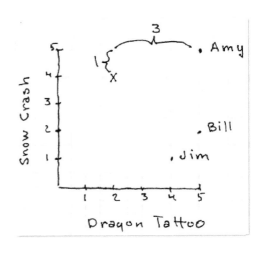

计算 X 女士和上述表格中的 3 个用户的曼哈顿距离会得到如下结果：

	Distance From Ms. X
Amy	4
Bill	5
Jim	5

Amy 是最相近的用户，于是我们可以考察她的历史评级情况。比如我们发现她给 Paolo Bacigalupi 的 *The Windup Girl* 打了 5 星，因此可以将这本书推荐给 X 女士。

欧氏距离

曼哈顿距离的一个优点是计算速度快。如果是在 Facebook 的 100 万用户中寻找与来自卡拉马祖市（Kalamazoo）的小丹尼最相似的用户，那么速度快十分重要。

毕达哥拉斯定理（勾股定理）

你可能会从已经久远的学习生涯中回忆起毕达哥拉斯定理。此时，我们不是寻找 Amy 和 X 女士之间的曼哈顿距离（距离为 4），而是直接画出两点之间的最短连线并将其长度作为距离：

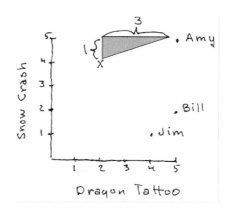

毕达哥拉斯定理指出，可以采用如下方式计算上述距离：

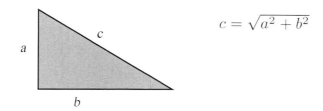

$$c = \sqrt{a^2 + b^2}$$

上述直线距离称为欧氏距离（Euclidean Distance）。计算公式如下：

$$\sqrt{(x_1 - x_2)^2 + (y_1 - y_2)^2}$$

需要记住的是，这里的 x_1、x_2 分别表示用户 1 和用户 2 喜欢 *Dragon Tattoo* 的程度，而 y_1、y_2 则分别表示用户 1 和用户 2 喜欢 *Snow Crash* 的程度。

Amy 对 *Snow Crash* 和 *Dragon Tattoo* 都打了 5 星，神秘的 X 女士对 Dragon Tattoo 打了 2 星而对 *Snow Crash* 打了 4 星。因此，她们之间的欧氏距离为：

$$\sqrt{(5-2)^2 + (5-4)^2} = \sqrt{3^2 + 1^2} = \sqrt{10} = 3.16$$

再计算一下 X 女士和其他人的欧氏距离会得到:

	Distance from Ms. X
Amy	3.16
Bill	3.61
Jim	3.61

N 维下的思考

下面我们稍微偏离话题将目光从二维移到更复杂一点的情况。假定我们为某个在线流音乐服务工作,并且想通过推荐乐队为用户提供更佳的体验。假设用户可以对不同乐队进行评级,评级范围从 1 星到 5 星,同时也允许评半星,比如,你可以对某个乐队评 2.5 星。下面的表格给出了 8 个用户对 8 个乐队进行评级的情况。

	Angelica	Bill	Chan	Dan	Hailey	Jordyn	Sam	Veronica
Blues Traveler	3.5	2	5	3	-	-	5	3
Broken Bells	2	3.5	1	4	4	4.5	2	-
Deadmau5	-	4	1	4.5	1	4	-	-
Norah Jones	4.5	-	3	-	4	5	3	5
Phoenix	5	2	5	3	-	5	5	4
Slightly Stoopid	1.5	3.5	1	4.5	-	4.5	4	2.5
The Strokes	2.5	-	-	4	4	4	5	3
Vampire Weekend	2	3	-	2	1	4	-	-

表中的短横线表示用户没有对该乐队进行评级。现在我们要基于双方都评级的乐队的数字来计算两个用户的距离。因此如果要计算 Angelica 和 Bill 的距离的话,我们就要使用 Blues Traveler、Broken Bells、Phoenix、Slightly Stoopid 和 Vampire Weekend 的评级结果。此时得到的曼哈顿距离为:

	Angelica	Bill	Difference
Blues Traveler	3.5	2	1.5
Broken Bells	2	3.5	1.5
Deadmau5	-	4	
Norah Jones	4.5	-	
Phoenix	5	2	3
Slightly Stoopid	1.5	3.5	2
The Strokes	2.5	-	-
Vampire Weekend	2	3	1
Manhattan Distance:			9

上表中最后一行的曼哈顿距离只是上面差值的累加结果：1.5+1.5+3+2+1=9。

欧氏距离的计算方法与上面类似。我们只使用双方都评过级的乐队进行计算：

	Angelica	Bill	Difference	Difference^2
Blues Traveler	3.5	2	1.5	2.25
Broken Bells	2	3.5	1.5	2.25
Deadmau5	-	4		
Norah Jones	4.5	-		
Phoenix	5	2	3	9
Slightly Stoopid	1.5	3.5	2	4
The Strokes	2.5	-	-	
Vampire Weekend	2	3	1	1
Sum of squares				18.5
Euclidean Distance				4.3

具体的计算过程如下：

$$Euclidean = \sqrt{(3.5-2)^2 + (2-3.5)^2 + (5-2)^2 + (1.5-3.5)^2 + (2-3)^2}$$

$$= \sqrt{1.5^2 + (-1.5)^2 + 3^2 + (-2)^2 + (-1)^2}$$

$$= \sqrt{2.25 + 2.25 + 9 + 4 + 1}$$

$$= \sqrt{18.5} = 4.3$$

明白了吗?

你可以自己尝试一个例子……

	Angelica	Bill	Chan	Dan	Hailey	Jordyn	Sam	Veronica
Blues Traveler	3.5	2	5	3	-	-	5	3
Broken Bells	2	3.5	1	4	4	4.5	2	-
Deadmau5	-	4	1	4.5	1	4	-	-
Norah Jones	4.5	-	3	-	4	5	3	5
Phoenix	5	2	5	3	-	5	5	4
Slightly Stoopid	1.5	3.5	1	4.5	-	4.5	4	2.5
The Strokes	2.5	-	-	4	4	4	5	3
Vampire Weekend	2	3	-	2	1	4	-	-

习题

计算 Hailey 和 Veronica 的欧氏距离。

计算 Hailey 和 Jordyn 的欧氏距离。

> **习题——解答**
>
> 计算 Hailey 和 Veronica 的欧氏距离。
>
> $$= \sqrt{(4-5)^2 + (4-3)^2} = \sqrt{1+1} = \sqrt{2} = 1.414$$
>
> 计算 Hailey 和 Jordyn 的欧氏距离。
>
> $$= \sqrt{(4-4.5)^2 + (1-4)^2 + (4-5)^2 + (4-4)^2 + (1-4)^2}$$
>
> $$= \sqrt{(-0.5)^2 + (-3)^2 + (-1)^2 + (0)^2 + (-3)^2}$$
>
> $$= \sqrt{0.25 + 9 + 1 + 0 + 9} = \sqrt{19.25} = 4.387$$

一个缺陷

看上去我们发现了上述距离计算的一个缺陷。当计算 Hailey 和 Veronica 的距离时，我们注意到他们都评级的乐队只有两个（Norah Jones 和 The Strokes），而当计算 Hailey 和 Jordyn 的距离时，他们都评级的乐队却有 5 个。这样 Hailey 和 Veronica 的距离计算基于二维而 Hailey 和 Jordyn 的距离计算却基于五维，这看起来会使我们的距离计算有所偏斜。当没有缺失值时，曼哈顿距离和欧氏距离非常好。缺失值的处理是一个活跃的学术研究问题。本书后面的内容会介绍其处理方法。这里只需要意识到这个问题即可，接下来我们继续推荐系统构建的探索之旅。

一般化

曼哈顿距离和欧氏距离可以一般化为如下的明氏距离（Minkowski Distance）：

$$d(x,y) = (\sum_{k=1}^{n} |x_k - y_k|^r)^{\frac{1}{r}}$$

其中：

- $r=1$ 时，上述公式计算的就是曼哈顿距离。
- $r=2$ 时，上述公式计算的就是欧氏距离。
- $r=\infty$ 时，上述公式计算的是上确界距离（Supermum Distance）。

 啊，数学

当看到书中的这些公式时你有多种选择。一种选择是看到公式时，脑子里闪一下"数学公式啊"，然后快速跳到下一段。必须承认我曾经就是这样的跳读者。另一种选择是面对公式时，暂停一下，然后对公式进行深入剖析。

很多情况下，你会发现公式很容易理解。下面就对上面的公式进行深入剖析。当 $r=1$ 时，上述公式退化为曼哈顿距离：

$$d(x,y) = \sum_{k=1}^{n} |x_k - y_k|$$

对于上面用到的贯穿本章的音乐例子来说，x 和 y 代表两个用户，$d(x,y)$ 代表他们之间的距离。n 代表他们都评级的乐队数目（也就是说 x 和 y 都对这些乐队进行了评级）。前面我们进行了如下的计算：

	Angelica	Bill	Difference
Blues Traveler	3.5	2	1.5
Broken Bells	2	3.5	1.5
Deadmau5	-	4	
Norah Jones	4.5	-	
Phoenix	5	2	3
Slightly Stoopid	1.5	3.5	2
The Strokes	2.5	-	-
Vampire Weekend	2	3	1
Manhattan Distance:			9

差值（difference）那一列代表评级之间的差异，最后将这些差值求和得到最后结果 9。

当 $r=2$ 时，可以得到如下欧氏距离：

$$d(x,y) = \sqrt{\sum_{k=1}^{n}(x_k - y_k)^2}$$

这就是正在发生的事实！

r 越大，某一维上的较大差异对最终差值的影响也越大。

Python 中数据表示方法及代码

使用 Python 来表示上述表格中的数据有多种做法。下面我将使用 Python 中的字典（也称为关联数组或者哈希表）来表示：

> 记住，本书的所有代码都可以从 www.guidetodatamining.com 获得。

```
users = {"Angelica": {"Blues Traveler": 3.5, "Broken Bells": 2.0,
                     "Norah Jones": 4.5, "Phoenix": 5.0,
                     "Slightly Stoopid": 1.5,
                     "The Strokes": 2.5, "Vampire Weekend": 2.0},

        "Bill":     {"Blues Traveler": 2.0, "Broken Bells": 3.5,
                     "Deadmau5": 4.0, "Phoenix": 2.0,
                     "Slightly Stoopid": 3.5, "Vampire Weekend": 3.0},

        "Chan":     {"Blues Traveler": 5.0, "Broken Bells": 1.0,
                     "Deadmau5": 1.0, "Norah Jones": 3.0,
                     "Phoenix": 5, "Slightly Stoopid": 1.0},

        "Dan":      {"Blues Traveler": 3.0, "Broken Bells": 4.0,
                     "Deadmau5": 4.5, "Phoenix": 3.0,
                     "Slightly Stoopid": 4.5, "The Strokes": 4.0,
                     "Vampire Weekend": 2.0},

        "Hailey":   {"Broken Bells": 4.0, "Deadmau5": 1.0,
                     "Norah Jones": 4.0, "The Strokes": 4.0,
                     "Vampire Weekend": 1.0},

        "Jordyn":   {"Broken Bells": 4.5, "Deadmau5": 4.0, "Norah Jones": 5.0,
                     "Phoenix": 5.0, "Slightly Stoopid": 4.5,
                     "The Strokes": 4.0, "Vampire Weekend": 4.0},

        "Sam":      {"Blues Traveler": 5.0, "Broken Bells": 2.0,
                     "Norah Jones": 3.0, "Phoenix": 5.0,
                     "Slightly Stoopid": 4.0,  "The Strokes": 5.0},

        "Veronica": {"Blues Traveler": 3.0, "Norah Jones": 5.0,
                     "Phoenix": 4.0,  "Slightly Stoopid": 2.5,
                     "The Strokes": 3.0}}
```

可以通过如下语句获得某个具体用户的评级结果：

```
>>> users["Veronica"]
{"Blues Traveler": 3.0, "Norah Jones": 5.0, "Phoenix": 4.0,
"Slightly Stoopid": 2.5, "The Strokes": 3.0}

>>>
```

计算曼哈顿距离的代码

下面给出一个计算曼哈顿距离的函数：

```
def manhattan(rating1, rating2):
    """Computes the Manhattan distance. Both rating1 and rating2 are
    dictionaries of the form
    {'The Strokes': 3.0, 'Slightly Stoopid': 2.5 ..."""
    distance = 0
    for key in rating1:
        if key in rating2:
            distance += abs(rating1[key] - rating2[key])
    return distance
```

为测试这个函数，可以运行：

```
>>> manhattan(users['Hailey'], users['Veronica'])
2.0
>>> manhattan(users['Hailey'], users['Jordyn'])
7.5
>>>
```

于是可以定义一个寻找最近用户的函数，如下（实际上，它按照相似度从高到低的次序返回用户列表）：

```
def computeNearestNeighbor(username, users):
    """creates a sorted list of users based on their distance to
    username"""
    distances = []
    for user in users:
        if user != username:
            distance = manhattan(users[user], users[username])
            distances.append((distance, user))
    # sort based on distance -- closest first
    distances.sort()
    return distances
```

可以快速对该函数进行一下测试，有：

```
>>> computeNearestNeighbor("Hailey", users)
[(2.0, ''Veronica'), (4.0, 'Chan'),(4.0, 'Sam'), (4.5, 'Dan'), (5.0,
'Angelica'), (5.5, 'Bill'), (7.5, 'Jordyn')]
```

最后,我们将上述代码整合在一起进行推荐。假设想为 Hailey 做推荐,我会找到她最近的邻居,这里是 Veronica。然后我会找到那些 Veronica 评过级而 Hailey 没有评级的乐队。另外,假设 Hailey 会和 Veronica 一样对乐队评级(至少他们的评级十分类似)。例如,Hailey 没有对 Phoenix 乐队评级,而 Veronica 对该乐队评了 4 星,因此假设 Hailey 也对 Phoenix 感兴趣。下面给出了推荐函数:

```python
def recommend(username, users):
    """Give list of recommendations"""
    # first find nearest neighbor
    nearest = computeNearestNeighbor(username, users)[0][1]
    recommendations = []
    # now find bands neighbor rated that user didn't
    neighborRatings = users[nearest]
    userRatings = users[username]
    for artist in neighborRatings:
        if not artist in userRatings:
            recommendations.append((artist, neighborRatings[artist]))
    # using the fn sorted for variety - sort is more efficient
    return sorted(recommendations,
                  key=lambda artistTuple: artistTuple[1],
                  reverse = True)
```

现在给 Hailey 做推荐:

```
>>> recommend('Hailey', users)
[('Phoenix', 4.0), ('Blues Traveler', 3.0), ('Slightly Stoopid', 2.5)]
```

这和我们的预期一样。正如我们看到的那样,离 Hailey 最近的邻居是 Veronica,而 Veronica 给 Phoenix 的评级为 4 星。下面再尝试对更多用户进行推荐:

```
>>> recommend('Chan', users)
[('The Strokes', 4.0), ('Vampire Weekend', 1.0)]

>>> recommend('Sam', users)
[('Deadmau5', 1.0)]
```

我们会认为 Chan 会喜欢 The Strokes 乐队,并预测 Sam 不喜欢 Deadmau5 乐队。

```
>>> recommend('Angelica', users)
[]
```

嗯,对 Angelica 我们返回了一个空集,这意味着对她没有做任何推荐。下面看看到底哪儿出了问题:

```
>>> computeNearestNeighbor('Angelica', users)
[(3.5, 'Veronica'), (4.5, 'Chan'), (5.0, 'Hailey'), (8.0, 'Sam'), (9.0,
'Bill'), (9.0, 'Dan'), (9.5, 'Jordyn')]
```

离 Angelica 最近的邻居是 Veronica，我们考察一下她们俩的评级信息：

	Angelica	Bill	Chan	Dan	Hailey	Jordyn	Sam	Veronica
Blues Traveler	3.5	2	5	3	-	-	5	3
Broken Bells	2	3.5	1	4	4	4.5	2	-
Deadmau5	-	4	1	4.5	1	4	-	-
Norah Jones	4.5	-	3	-	4	5	3	5
Phoenix	5	2	5	3	-	5	5	4
Slightly Stoopid	1.5	3.5	1	4.5	-	4.5	4	2.5
The Strokes	2.5	-	-	4	4	4	5	3
Vampire Weekend	2	3	-	2	1	4	-	-

我们发现 Angelica 和 Veronica 评过级的乐队一模一样，并没有新的乐队需要评级，因此就没有推荐结果。

接下来我们马上就会知道如何对系统进行改进以避免上述问题。

习题

（1）实现 Minkowski 距离函数。

（2）修改 computeNearestNeighbor 函数以使用 Minkowski 距离。

> **习题——解答**
>
> （1）实现 Minkowski 距离函数。
>
> ```
> def minkowski(rating1, rating2, r):
>     """Computes the Minkowski distance.
>     Both rating1 and rating2 are dictionaries of the form
>     {'The Strokes': 3.0, 'Slightly Stoopid': 2.5}"""
>     distance = 0
>     commonRatings = False
>     for key in rating1:
>         if key in rating2:
>             distance +=
>                 pow(abs(rating1[key] - rating2[key]), r)
>             commonRatings = True
>     if commonRatings:
>         return pow(distance, 1/r)
>     else:
>         return 0 #Indicates no ratings in common
> ```
>
> （2）修改 computeNearestNeighbor 函数以使用 Minkowski 距离。
>
> 只需要将"distance="那行改成：
>
> ```
> distance = minkowski(users[user], users[username], 2)
> ```
>
> 其中，上面的 $r = 2$ 表示欧氏距离。

用户的评级差异

接下来对用户的评级结果进行深入的考察。我们发现，用户对乐队评级时的行为差异很大：

因此，应该如何对用户进行比较，比如说比较 Hailey 和 Jordyn？Hailey 的"4"是不是与 Jordyn 的"4"或"5"等价？这种差异性会在推荐系统中带来问题。

皮尔逊相关系数

解决上述问题的一个办法是使用皮尔逊相关系数（Pearson Correlation Coefficient）。首先介绍该方法的一般思想。考虑如下的数据（不是上面的数据）：

	Blues Traveler	Norah Jones	Phoenix	The Strokes	Weird Al
Clara	4.75	4.5	5	4.25	4
Robert	4	3	5	2	1

这是数据挖掘领域所称的"分数贬值"（grade inflation）的一个例子。Clara 给出的最低评级为 4 星，其所有的评级都在 4 星和 5 星之间。如果将该例当中两个人的评级画成图，那么就会得到如下结果：

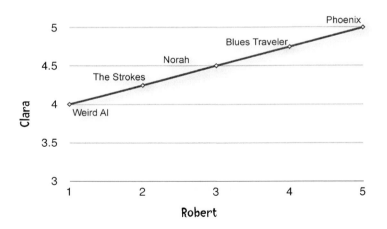

直线表示完全一致！

图中直线表示 Clara 和 Robert 的评级完全一致。他们都对 Phoenix 评级最高，然后是 Blues Traveler、Norah Jones，等等。Clara 和 Robert 的一致性越差，那么在直线上的数据点也越少。

一致性相当好的情况：

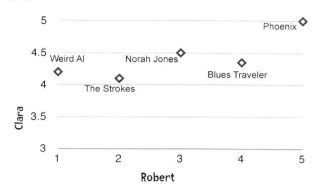

一致性不太好的情况：

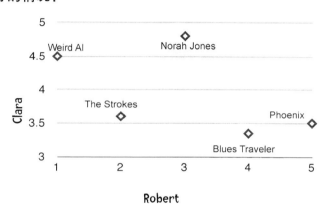

因此图方式下的完全一致性可以表示为直线。皮尔逊相关系数是度量两个变量（在这个具体情况下计算的是 Clara 和 Robert 的相关性）相关性的指标。其取值区间为[−1,1]。1 表示完全一致，−1 表示完全不一致。为对皮尔逊相关系数有一个基本的感觉，回到上述图，其中直线图对应的皮尔逊相关系数为 1，而标为"相当好的一致性"对应的皮尔逊相关系数为 0.91，而标为"一致性不太好"所对应的皮尔逊相关系数为 0.81。因此，利用皮尔逊相关系数可以寻找某个感兴趣的用户的最相似用户。

皮尔逊相关系数的计算公式如下：

$$r = \frac{\sum_{i=1}^{n}(x_i - \overline{x})(y_i - \overline{y})}{\sqrt{\sum_{i=1}^{n}(x_i - \overline{x})^2}\sqrt{\sum_{i=1}^{n}(y_i - \overline{y})^2}}$$

啊，又是数学

以下是我的心路忏悔历程。我拥有音乐造型艺术学士学位。我在本科修学芭蕾、现代舞蹈和服装设计等课程的同时，并没有修学单门数学课。在那之前，我就读于一所男子贸易高中，我学习了铅管品制作和汽车修理课程，但是除了基础数学课之外没有再学过其他数学课。要么是因为我的这种背景，要么就是因为我大脑的先天结构，当我读到包含类似上述公式的书籍时，我都会跳过这些公式而去继续阅读下面的文字。如果你像我一样的话，我力劝你不要轻言放弃而应该去看看这些公式。很多公式初看起来很复杂但是实际上普通人都很容易理解。

除了看上去或许有点复杂之外，上面公式的另一个问题在于算法时可能需要对数据进行多遍扫描。幸运的是，对于算法实现人员而言，还有另一个皮尔逊相关系数的近似计算公式：

$$r = \frac{\sum_{i=1}^{n} x_i y_i - \frac{\sum_{i=1}^{n} x_i \sum_{i=1}^{n} y_i}{n}}{\sqrt{\sum_{i=1}^{n} x_i^2 - \frac{(\sum_{i=1}^{n} x_i)^2}{n}} \sqrt{\sum_{i=1}^{n} y_i^2 - \frac{(\sum_{i=1}^{n} y_i)^2}{n}}}$$

记得两段之前我提到过不要跳过公式。上述公式，除了初看起来相当复杂之外，更重要的问题是数值上不太稳定，这也意味着微小的错误可能由于上述公式而放大。当然一个巨大的好处是上述公式的计算可以通过单遍扫描来实现，下面我们很快会提到这一点。首先，我们对这个公式进行深入剖析并用于几页前提到的那个例子：

	Blues Traveler	Norah Jones	Phoenix	The Strokes	Weird Al
Clara	4.75	4.5	5	4.25	4
Robert	4	3	5	2	1

首先计算：

$$\sum_{i=1}^{n} x_i y_i$$

即上述公式分子中的第一个式子。这里 x 和 y 分别表示 Clara 和 Robert。

	Blues Traveler	Norah Jones	Phoenix	The Strokes	Weird Al
Clara	4.75	4.5	5	4.25	4
Robert	4	3	5	2	1

对每支乐队，我们将 Clara 和 Robert 的多个评级乘在一起然后求和：

$$(4.75 \times 4) + (4.5 \times 3) + (5 \times 5) + (4.25 \times 2) + (4 \times 1)$$

$$= 19 + 13.5 + 25 + 8.5 + 4 = 70$$

很好！接下来计算分子中的其他部分：

$$\frac{\sum_{i=1}^{n} x_i \sum_{i=1}^{n} y_i}{n}$$

由于

$$\sum_{i=1}^{n} x_i$$

是 Clara 的评级之和，值为 22.5。Robert 的评级之和为 15，而他们对 5 个乐队进行了评级，因此有：

$$\frac{22.5 \times 15}{5} = 67.5$$

于是，上述公式的分子部分为 70 − 67.5 = 2.5。

下面考察分母部分：

$$\sqrt{\sum_{i=1}^{n} x_i^2 - \frac{(\sum_{i=1}^{n} x_i)^2}{n}}$$

首先，

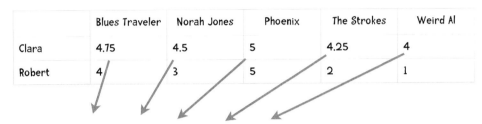

$$\sum_{i=1}^{n} x_i^2 = (4.75)^2 + (4.5)^2 + (5)^2 + (4.25)^2 + (4)^2 = 101.875$$

上面已经计算过 Clara 的评级之和为 22.5，对其求平方得到 506.25，然后除上两者都评级的乐队数目 5 得到 101.25。

将上面的结果综合在一块，有：

$$\sqrt{101.875 - 101.25} = \sqrt{0.625} = 0.79057$$

对 Robert 进行相同的计算有：

$$\sqrt{\sum_{i=1}^{n} y_i^2 - \frac{(\sum_{i=1}^{n} y_i)^2}{n}} = \sqrt{55 - 45} = 3.162277$$

于是，最后的结果为：

$$r = \frac{2.5}{0.79057 \times 3.162277} = \frac{2.5}{2.5} = 1.00$$

于是，最后的结果 1 表示 Clara 和 Robert 的评级完全一致！

在继续之前稍微休息一下

习题

在阅读下一页的解答之前,用 Python 实现上述算法,你的算法应该输出如下结果:

```
>>> pearson(users['Angelica'], users['Bill'])
-0.90405349906826993
>>> pearson(users['Angelica'], users['Hailey'])
0.42008402520840293
>>> pearson(users['Angelica'], users['Jordyn'])
0.76397486054754316
>>>
```

对于上述实现算法,你需要两个 Python 指令:函数 sqrt(平方根)和幂操作符**,后者右参数用作左参数的幂。

```
>>> from math import sqrt
>>> sqrt(9)
3.0
>>> 3**2
9
```

> **习题——解答**
>
> 下面给出了我实现的皮尔逊相关系数的计算过程：
>
> ```
> def pearson(rating1, rating2):
>     sum_xy = 0
>     sum_x = 0
>     sum_y = 0
>     sum_x2 = 0
>     sum_y2 = 0
>     n = 0
>     for key in rating1:
>         if key in rating2:
>             n += 1
>             x = rating1[key]
>             y = rating2[key]
>             sum_xy += x * y
>             sum_x += x
>             sum_y += y
>             sum_x2 += x**2
>             sum_y2 += y**2
>     # now compute denominator
>     denominator = sqrt(sum_x2 - (sum_x**2) / n) * \
>                   sqrt(sum_y2 -(sum_y**2) / n)
>     if denominator == 0:
>         return 0
>     else:
>         return (sum_xy - (sum_x * sum_y) / n) / denominator
> ```

最后一个公式——余弦相似度

下面将给出最后一个公式——余弦相似度，该公式不仅在文本挖掘中使用得非常普遍，而且也广泛用于协同过滤。为理解该公式的使用时机，下面对上面的例子稍加修改。我们将跟踪用户播放某首音乐的次数并基于该信息进行推荐。

	播放次数		
	The Decemberists The King is Dead	Radiohead The King of Limbs	Katy Perry E.T.
Ann	10	5	32
Ben	15	25	1
Sally	12	6	27

只需要简单扫视一下上述表格（并利用上面提到的多个距离计算公式），我们就知道 Sally 和 Ann 的播放习惯比 Ben 和 Ann 的习惯更相似。

那么问题在哪里

我在 iTunes 上大概有 4000 首歌曲，下面列出了按照播放次数从高到低排序的几首歌：

✓	Name	Time	Artist	Album	Genre	Plays ▼
✓	Moonlight Sonata	7:38	Marcus Miller	Silver Rain	Jazz+Funk	25
✓	Blast!	5:43	Marcus Miller	Marcus	Jazz	20
✓	Art Isn't Real (City of Sin)	2:48	Deer Tick	War Elephant	Alt-Country	19
✓	Between the Lines	4:35	Sara Bareilles	Little Voice	Folk	19
✓	Stay Around A Little Longer (Feat. B.B. King)	5:00	BUDDY GUY	Living Proof	Blues	18
✓	My Companjera	3:22	Gogol Bordello	Trans-Continental...	Alternative...	18
✓	Rebellious Love	3:57	Gogol Bordello	Trans-Continental...	Alternative...	18
✓	Immigraniada (We Comin' Rougher)	3:46	Gogol Bordello	Trans-Continental...	Alternative...	18
✓	Love Song	4:19	Sara Bareilles	Little Voice	Folk	18

于是，我播放次数最多的音乐是 Marcus Miller 的 *Moonlight Sonata*，播放次数为 25。有可能你播放这首歌的次数为 0。实际上，很有可能我播放次数较多的这么多首歌中你一首都没播放过。此外，iTunes 上有超过 1.5 亿首歌曲而我只有 4000 首。因此，对于个人而言，由于只有很少一部分属性非零（播放次数），所以数据是稀疏的。于是，当在 1.5 亿首歌上利用播放次数比较两个人时，绝大部分情况下它们之间的公共部分为零。但是，我们在计算相似度时并不希望使用这些公共的零。

一个类似的情况是利用词语来比较文本文档。假设我们喜欢某本书，比如 Carey Rockwell 的 *Tom Corbett Space Cadet: The Space Pioneers*，我们希望找到相似的书。一种可能的方法是使用词频。此时属性为一个个词而属性值为书中这些词的词频。于是，The Space Pioneers 中 6.13%的词都是 the，而 0.89%都是 Tom，0.25%都是 space。我可以使用这些词频来计算本书和其他书的相似度。但是，这里的数据也存在稀疏性问题。在 The Space Pioneers 中仅包含 6629 个不同的词，而英语当中超过 100 万单词，因此 The Space Pioneer 或者其他任何一本书中的非零属性都相对很少。此外，任意相似度计算都不会依赖公共的零值。

余弦相似度会忽略这种 0-0 匹配，其定义如下：

$$\cos(x,y) = \frac{x \cdot y}{\|x\| \times \|y\|}$$

其中 · 表示内积计算，而 $\|x\|$ 表示向量 x 的长度，其定义如下：

$$\sqrt{\sum_{i=1}^{n} x_i^2}$$

下面先在上面提到的完全一致性的那个例子上试试：

	Blues Traveler	Norah Jones	Phoenix	The Strokes	Weird Al
Clara	4.75	4.5	5	4.25	4
Robert	4	3	5	2	1

其中的两个向量为：

$$x = (4.75, 4.5, 5, 4.25, 4)$$
$$y = (4, 3, 5, 2, 1)$$

于是有：

$$\|x\| = \sqrt{4.75^2 + 4.5^2 + 5^2 + 4.25^2 + 4^2} = \sqrt{101.875} = 10.09$$

$$\|y\| = \sqrt{4^2 + 3^2 + 5^2 + 2^2 + 1^2} = \sqrt{55} = 7.416$$

其内积为：

$$x \cdot y = (4.75 \times 4) + (4.5 \times 3) + (5 \times 5) + (4.25 \times 2) + (4 \times 1) = 70$$

于是，余弦相似度为：

$$\cos(x, y) = \frac{70}{10.093 \times 7.416} = \frac{70}{74.85} = 0.935$$

余弦相似度的取值范围从 1 到 -1，其中 1 表示完全相似，而 -1 表示完全不相似。于是 0.935 表示一致性相当好。

习题

利用下面的数据集，计算 Angelica 和 Veronica 的余弦相似度（将短横线看成 0）。

	Blues Traveler	Broken Bells	Deadmau5	Norah Jones	Phoenix	Slightly Stoopid	The Strokes	Vampire Weekend
Angelica	3.5	2	-	4.5	5	1.5	2.5	2
Veronica	3	-	-	5	4	2.5	3	-

习题——解答

利用下面的数据集，计算 Angelica 和 Veronica 的余弦相似度。

	Blues Traveler	Broken Bells	Deadmau5	Norah Jones	Phoenix	Slightly Stoopid	The Strokes	Vampire Weekend
Angelica	3.5	2	-	4.5	5	1.5	2.5	2
Veronica	3	-	-	5	4	2.5	3	-

$x = (3.5, 2, 0, 4.5, 5, 1.5, 2.5, 2)$
$y = (3, 0, 0, 5, 4, 2.5, 3, 0)$

$\|x\| = \sqrt{3.5^2 + 2^2 + 0^2 + 4.5^2 + 5^2 + 1.5^2 + 2.5^2 + 2^2} = \sqrt{74} = 8.602$

$\|y\| = \sqrt{3^2 + 0^2 + 0^2 + 5^2 + 4^2 + 2.5^2 + 3^2 + 0^2} = \sqrt{65.25} = 8.078$

内积结果为：

$x \cdot y =$
$(3.5 \times 3)+(2 \times 0)+(0 \times 0)+(4.5 \times 5)+(5 \times 4)+(1.5 \times 2.5)+(2.5 \times 3)+(2 \times 0)=64.25$

余弦相似度为：

$$\cos(x,y)=\frac{64.25}{6.602 \times 8.078}=\frac{64.25}{69.487}=0.9246$$

相似度的选择

对于这个问题，我们会在本书中自始至终进行探讨。现在，我们给出一些有用的提示：

因此，如果数据稠密（几乎所有的属性都没有零值），那么使用曼哈顿和欧氏距离就十分合理。如果数据不稠密怎么样？考虑一个扩展的音乐评级系统以及三个用户，每个用户都对我们网站的 100 首歌进行了评级。

Linda 和 Eric 喜欢相同类型的音乐。实际上，他们的评级歌曲中有 20 首完全一样，并且这 20 首歌曲中他们的平均评级（评级范围从 1 到 5）差异值仅为 0.5！他们的曼哈顿距离为 20×0.5=10，欧氏距离为：

$$d = \sqrt{(0.5)^2 \times 20} = \sqrt{0.25 \times 20} = \sqrt{5} = 2.236$$

Jake: 乡村音乐的狂热爱好者

Linda和Eric: 非常喜欢20世纪60年代的摇滚乐

Linda 和 Jake 评级的歌曲中只有一首相同，即 Chris Cagle 的 *What a Beautiful Day*。Linda 认为这首歌还行给了个 3 星，而 Jake 则认为这首歌相当不错，给了个 5 星。于是，Jake 和 Linda 的曼哈顿距离为 2，而欧氏距离为：

$$d = \sqrt{(3-5)^2} = \sqrt{4} = 2$$

于是，不论是曼哈顿距离还是欧氏距离都表明与 Jake 相比 Eric 更接近 Linda，因此这种情况下上述两个距离都得到糟糕的结果。

> 嗨，我有个想法可能可以解决上述问题。
>
> 当前，人们对音乐的评级区间从1到5。如果某首音乐没有被人评级我们将该评级看成0如何？这样做可以解决稀疏性问题，因为现在所有对象的所有属性都有值！

上述想法看上去不错，但是没有用。为了理解这一点，我们必须对上述假设场景引入更多的人：Cooper 和 Kelsey。Jake、Cooper 和 Kelsey 的音乐兴趣惊人相似。

Jake 对我们网站上的25首歌进行了评级，而 Cooper 评了26首，其中25首和 Jake 的评级一样。他们喜欢相同类型的音乐，评级之间的平均距离仅为0.25！

Kelsey 喜欢音乐也喜欢我们的网站，她对150首歌进行了评级，其中25首和 Cooper 及 Jake 的一样。同 Cooper 一样，她与 Jake 的平均评级距离也仅为0.25！

Cooper

凭直觉，我们会感觉 Cooper 和 Kelsey 距 Jake 一样近。

现在考虑修改的曼哈顿和欧氏距离公式，其中用户没有评级的音乐统一评级为0。

这种机制下，Cooper 比 Kelsey 离 Jake 要近得多。

原因是什么？

Kelsey

为了回答这个问题，看一下下面这个简化的例子（再次声明，这次的 0 表示用户没有对当前歌曲评级）：

Song:	1	2	3	4	5	6	7	8	9	10
Jake	0	0	0	4.5	5	4.5	0	0	0	0
Cooper	0	0	4	5	5	5	0	0	0	0
Kelsey	5	4	4	5	5	5	5	5	4	4

我们再次考察他们都评级的歌曲（歌曲 4、5 和 6），Cooper 和 Kelsey 看上去都和 Jake 的匹配度接近相等。但是，如果在上述 0 值条件下使用曼哈顿距离就会得到不同的结论：

$$d_{Cooper,Jake} = (4-0) + (5-4.5) + (5-5) + 5-4.5) = 4 + 0.5 + 0 + 0.5 = 5$$

$$d_{Kelsey,Jake} = (5-0) + (4-0) + (4-0) + (5-4.5) + (5-5) + (5-4.5) + (5-0)$$
$$+ (5-0) + (4-0) + (4-0)$$
$$= 5 + 4 + 4 + 0.5 + 0 + 0.5 + 5 + 5 + 4 + 4 = 32$$

问题在于，这些 0 值会控制任一距离的计算方法。因此加入 0 值的解决方法并不比原始的距离计算公式好。人们使用的一个变通方案是利用共同评级的歌曲的距离除以共同评级的歌曲数目，得到某种意义上所谓的"平均"距离。

此外，在稠密数据集上曼哈顿距离和欧氏距离的效果令人瞩目，但当数据稀疏时，采用余弦相似度可能更好。

一些怪异的事情

假设我们想为喜欢 Phoenix、Passion Pit 和 Vampire Weekend 乐队的 Amy 进行推荐。我们得到的最近匹配人选是同时喜欢这几个乐队的 Bob。Bob 的父亲恰好在 Walter Ostanek Band 乐队中拉手风琴，该乐队获得了今年波尔卡类的格莱美奖。出于家庭义务，Bob 给 Walter Ostanek Band 也打了个 5 星。基于当前的推荐系统，我们认为 Amy 绝对也喜欢这个乐队。

但是，常识告诉我们她可能并不如此。

或者考虑一下 Billy Bob Olivera 教授，他喜欢阅读数据挖掘书籍以及科幻小说。其最近匹配者恰好是也喜欢数据挖掘书籍和科幻小说的我。但是，我喜欢标准型贵宾犬，因此对 *The Secret Lives of Standard Poodles* 打了高分。当前的推荐系统可能会将这本书也推荐给教授。

问题在于我们依赖于单个"最相似"的用户进行推荐。该用户的任何怪癖都会被推荐。一种解决办法是基于多个相似的用户进行推荐。这里我们可以使用 k 近邻方法。

k 近邻

协同过滤的 k 近邻方法中，我们利用 k 个最相似的用户来确定推荐结果。k 的最佳取值与应用相关,需要通过实验来确定。下面通过一个例子给出基本思路。

假定我们使用 k 近邻(k=3)来对 Ann 进行推荐。最近的 3 个邻居及其与 Ann 的皮尔逊相关系数如下表所示:

Person	Pearson
Sally	0.8
Eric	0.7
Amanda	0.5

0.8 + 0.7 + 0.5 = 2.0

3 个人中的每一个都会影响最后推荐的结果,问题在于如何确定每个人的影响程度。如果存在一个影响饼图的话,那么每个人在饼图中的份额到底是多少?如果将所有皮尔逊相关系数相加得到 2,Sally 所占的比例为 0.8/2=40%,而 Eric 为 35%(0.7/2),Amanda 为 25%。

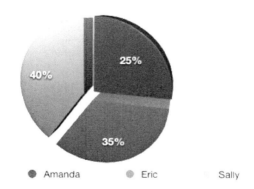

假设 Amanda、Eric 和 Sally 对 The Grey Wardens 乐队的评级结果如下:

Person	Grey Wardens Rating
Amanda	4.5
Eric	5
Sally	3.5

Person	Grey Wardens Rating	Influence
Amanda	4.5	25.00%
Eric	5	35.00%
Sally	3.5	40.00%

投影评级=(4.5×0.25) + (5×0.35) + (3.5×0.4)

=4.275

习题

假设用和前面一样的数据集，但是这次使用 k 近邻（k=2），那么我对 Grey Wardens 的投影评级是多少？

Person	Pearson
Sally	0.8
Eric	0.7
Amanda	0.5

Person	Grey Wardens Rating
Amanda	4.5
Eric	5
Sally	3.5

习题——解答

Person	Pearson
Sally	0.8
Eric	0.7
Amanda	0.5

Person	Grey Wardens Rating
Amanda	4.5
Eric	5
Sally	3.5

投影评级得分 = Sally 相关部分 + Eric 相关部分

$$= (3.5 \times (0.8/15)) + (5 \times (0.7/1.5))$$
$$= (3.5 \times 0.5333) + (5 \times 0.4667)$$
$$= 1.867 + 2.333$$
$$= 4.2$$

Python 的一个推荐类

我将本章当中的某些代码片段组织成一个 Python 类。尽管这里给出的代码有点长，但不要忘了读者可以从地址 http://www.guidedatamining.com 下载该代码。

```python
import codecs
from math import sqrt

users = {"Angelica": {"Blues Traveler": 3.5, "Broken Bells": 2.0,
                     "Norah Jones": 4.5, "Phoenix": 5.0,
                     "Slightly Stoopid": 1.5,
                     "The Strokes": 2.5, "Vampire Weekend": 2.0},
        
        "Bill":{"Blues Traveler": 2.0, "Broken Bells": 3.5,
                "Deadmau5": 4.0, "Phoenix": 2.0,
                "Slightly Stoopid": 3.5, "Vampire Weekend": 3.0},
        
        "Chan": {"Blues Traveler": 5.0, "Broken Bells": 1.0,
                "Deadmau5": 1.0, "Norah Jones": 3.0, "Phoenix": 5,
                "Slightly Stoopid": 1.0},
        
        "Dan": {"Blues Traveler": 3.0, "Broken Bells": 4.0,
                "Deadmau5": 4.5, "Phoenix": 3.0,
                "Slightly Stoopid": 4.5, "The Strokes": 4.0,
                "Vampire Weekend": 2.0},
        
        "Hailey": {"Broken Bells": 4.0, "Deadmau5": 1.0,
                  "Norah Jones": 4.0, "The Strokes": 4.0,
                  "Vampire Weekend": 1.0},
        
        "Jordyn":  {"Broken Bells": 4.5, "Deadmau5": 4.0,
                    "Norah Jones": 5.0, "Phoenix": 5.0,
                    "Slightly Stoopid": 4.5, "The Strokes": 4.0,
                    "Vampire Weekend": 4.0},
```

```
        "Sam": {"Blues Traveler": 5.0, "Broken Bells": 2.0,
                "Norah Jones": 3.0, "Phoenix": 5.0,
                "Slightly Stoopid": 4.0, "The Strokes": 5.0},

        "Veronica": {"Blues Traveler": 3.0, "Norah Jones": 5.0,
                     "Phoenix": 4.0, "Slightly Stoopid": 2.5,
                     "The Strokes": 3.0}
        }




class recommender:

    def __init__(self, data, k=1, metric='pearson', n=5):
        """ initialize recommender
        currently, if data is dictionary the recommender is initialized
        to it.
        For all other data types of data, no initialization occurs
        k is the k value for k nearest neighbor
        metric is which distance formula to use
        n is the maximum number of recommendations to make"""
        self.k = k
        self.n = n
        self.username2id = {}
        self.userid2name = {}
        self.productid2name = {}
        # for some reason I want to save the name of the metric
        self.metric = metric
        if self.metric == 'pearson':
            self.fn = self.pearson
        #
        # if data is dictionary set recommender data to it
        #
        if type(data).__name__ == 'dict':
            self.data = data
```

```python
def convertProductID2name(self, id):
    """Given product id number return product name"""
    if id in self.productid2name:
        return self.productid2name[id]
    else:
        return id


def userRatings(self, id, n):
    """Return n top ratings for user with id"""
    print ("Ratings for " + self.userid2name[id])
    ratings = self.data[id]
    print(len(ratings))
    ratings = list(ratings.items())
    ratings = [(self.convertProductID2name(k), v)
               for (k, v) in ratings]
    # finally sort and return
    ratings.sort(key=lambda artistTuple: artistTuple[1],
                 reverse = True)
    ratings = ratings[:n]
    for rating in ratings:
        print("%s\t%i" % (rating[0], rating[1]))




def loadBookDB(self, path=''):
    """loads the BX book dataset. Path is where the BX files are
    located"""
    self.data = {}
    i = 0
    #
    # First load book ratings into self.data
    #
    f = codecs.open(path + "BX-Book-Ratings.csv", 'r', 'utf8')
    for line in f:
        i += 1
```

```python
        # separate line into fields
        fields = line.split(';')
        user = fields[0].strip('"')
        book = fields[1].strip('"')
        rating = int(fields[2].strip().strip('"'))
        if user in self.data:
            currentRatings = self.data[user]
        else:
            currentRatings = {}
        currentRatings[book] = rating
        self.data[user] = currentRatings
    f.close()
    #
    # Now load books into self.productid2name
    # Books contains isbn, title, and author among other fields
    #
    f = codecs.open(path + "BX-Books.csv", 'r', 'utf8')
    for line in f:
        i += 1
        # separate line into fields
        fields = line.split(';')
        isbn = fields[0].strip('"')
        title = fields[1].strip('"')
        author = fields[2].strip().strip('"')
        title = title + ' by ' + author
        self.productid2name[isbn] = title
    f.close()
    #
    #  Now load user info into both self.userid2name and
    #  self.username2id
    #
    f = codecs.open(path + "BX-Users.csv", 'r', 'utf8')
    for line in f:
        i += 1
        # separate line into fields
        fields = line.split(';')
        userid = fields[0].strip('"')
```

```python
            location = fields[1].strip('"')
            if len(fields) > 3:
                age = fields[2].strip().strip('"')
            else:
                age = 'NULL'
            if age != 'NULL':
                value = location + '  (age: ' + age + ')'
            else:
                value = location
            self.userid2name[userid] = value
            self.username2id[location] = userid
    f.close()
    print(i)


def pearson(self, rating1, rating2):
    sum_xy = 0
    sum_x = 0
    sum_y = 0
    sum_x2 = 0
    sum_y2 = 0
    n = 0
    for key in rating1:
        if key in rating2:
            n += 1
            x = rating1[key]
            y = rating2[key]
            sum_xy += x * y
            sum_x += x
            sum_y += y
            sum_x2 += pow(x, 2)
            sum_y2 += pow(y, 2)
    if n == 0:
        return 0
    # now compute denominator
    denominator = (sqrt(sum_x2 - pow(sum_x, 2) / n)
                   * sqrt(sum_y2 - pow(sum_y, 2) / n))
```

```python
        if denominator == 0:
            return 0
        else:
            return (sum_xy - (sum_x * sum_y) / n) / denominator


    def computeNearestNeighbor(self, username):
        """creates a sorted list of users based on their distance to
        username"""
        distances = []
        for instance in self.data:
            if instance != username:
                distance = self.fn(self.data[username],
                                   self.data[instance])
                distances.append((instance, distance))
        # sort based on distance -- closest first
        distances.sort(key=lambda artistTuple: artistTuple[1],
                       reverse=True)
        return distances

    def recommend(self, user):
        """Give list of recommendations"""
        recommendations = {}
        # first get list of users  ordered by nearness
        nearest = self.computeNearestNeighbor(user)
        #
        # now get the ratings for the user
        #
        userRatings = self.data[user]
        #
        # determine the total distance
        totalDistance = 0.0
        for i in range(self.k):
            totalDistance += nearest[i][1]
        # now iterate through the k nearest neighbors
        # accumulating their ratings
        for i in range(self.k):
```

```python
        # compute slice of pie
        weight = nearest[i][1] / totalDistance
        # get the name of the person
        name = nearest[i][0]
        # get the ratings for this person
        neighborRatings = self.data[name]
        # get the name of the person
        # now find bands neighbor rated that user didn't
        for artist in neighborRatings:
            if not artist in userRatings:
                if artist not in recommendations:
                    recommendations[artist] = (neighborRatings[artist]
                                               * weight)
                else:
                    recommendations[artist] = (recommendations[artist]
                                               + neighborRatings[artist]
                                               * weight)
    # now make list from dictionary
    recommendations = list(recommendations.items())
    recommendations = [(self.convertProductID2name(k), v)
                       for (k, v) in recommendations]
    # finally sort and return
    recommendations.sort(key=lambda artistTuple: artistTuple[1],
                         reverse = True)
    # Return the first n items
    return recommendations[:self.n]
```

> **上述程序执行的例子**
>
> 首先，需要利用前面使用的数据构建上述推荐类的一个实例：
>
> ```
> >>> r = recommender(users)
> ```
>
> 利用这些乐队评级信息的一些简单例子：
>
> ```
> >>> r.recommend('Jordyn')
> [('Blues Traveler', 5.0)]
> >>> r.recommend('Hailey')
> [('Phoenix', 5.0), ('Slightly Stoopid', 4.5)]
> ```

一个新数据集

好了，到了考察一个更实际的数据集的时候了。Cai-Nicolas Zeigler 从 Book Crossing 网站上收集了超过 100 万书评，其中包含 278858 个用户对 271379 本书的评级。该匿名化数据可以从地址 http://www.informatik.uni-freiburg.de/~cziegler/BX/ 以 SQL dump 或逗号分隔文本文件格式（CSV）导出。在将该数据导入到 Python 时我遇到了一些问题，这是由明显的字符编码问题造成的。经我修正之后的 CVS 文件在本书网站可以下载。

该 CSV 文件包括 3 张表。

- BX-Users 表：正如名字的含义一样，该表包含的是用户的信息。具体包括整型的用户 ID 字段以及地址字段（如 Albuquerque, NM）和年龄字段。

- BX-Books 表：书通过 ISBN、书名、作者、出版年份和出版商来表示。

- BX-Book-Ratings 表：包括用户 ID、书的 ISBN 和一个 0 到 10 之间的评级分数。

上述推荐类中的 loadBookDB 函数可以从这些文件中导入数据。

下面我开始导入该书籍数据集。loadBookDB 函数的参数是 BX 书籍文件的路径。

```
>>> r.loadBookDB('/Users/raz/Downloads/BX-Dump/')
1700018
```

> **注意：**
>
> 该数据集有点大，在你的机器上导入可能需要一定的时间。在我的 Hackintosh（2.8GHz i7 860 处理器+8GB 内存）机器上，导入数据需要 24 秒，而运行一条查询需要 30 秒。

现在我可以得到来自多伦多的一个用户 17118 的推荐结果：

```
>>> r.recommend('171118')
[("The Godmother's Web by Elizabeth Ann Scarborough", 10.0), ("The Irrational
Season (The Crosswicks Journal, Book 3) by Madeleine L'Engle", 10.0), ("The
Godmother's Apprentice by Elizabeth Ann Scarborough", 10.0), ("A Swiftly
Tilting Planet by Madeleine L'Engle", 10.0), ('The Girl Who Loved Tom Gordon by
Stephen King', 9.0), ('The Godmother by Elizabeth Ann Scarborough', 8.0)]


>>> r.userRatings('171118', 5)
Ratings for toronto, ontario, canada
2421
The Careful Writer by Theodore M. Bernstein     10
Wonderful Life: The Burgess Shale and the Nature of History by Stephen Jay
Gould  10
Pride and Prejudice (World's Classics) by Jane Austen     10
The Wandering Fire (The Fionavar Tapestry, Book 2) by Guy Gavriel Kay    10
Flowering trees and shrubs: The botanical paintings of Esther Heins by Judith
Leet    10
```

项目

如果不运行代码，你将很难真正学到本书的内容。下面给出几条可能的建议。

1. 实现曼哈顿距离和欧氏距离，比较这些方法的结果。

2. 本书网站有一个包含 25 部电影的评级信息的文件。构建一个能够将该数据导入到你的分类器的函数。上面描述的推荐方法会为某个具体用户推荐影片。

第 3 章
Chapter 3

协同过滤——隐式评级及基于物品的过滤

在第 2 章中，我们学习了协同过滤和推荐系统的基本知识，其中介绍了算法的一般用途，它们可以用于各种各样的数据。用户对不同物品给出一个 5 分区间或 10 分区间的评分，之后算法可以发现具有类似评分的其他用户。前面提到，有一些证据表明，用户通常不使用这种细粒度的区分机制，而是倾向于要不给最高评分要不给最低评分。这种非此即彼的极端评级方式有时可能会导致结果无法使用。本章将考察对协同过滤的调优方法，以便更高效地产生更精确的推荐结果。

显式评级

一种区分用户偏好类型的方式是看这些偏好到底是隐式还是显式给出的。显式评级是指用户显式地给出物品的评级结果。一个显式评级的例子是 Pandora 和 YouTube 之类的网站上的点赞/点差按钮。

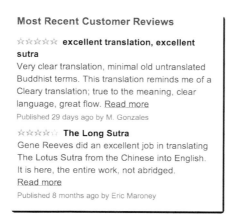

Amazon 网站上的星级打分系统。

隐式评级

对于隐式评级而言,我们不要求用户给出任何评级得分,而是观察用户的行为来获得结果。一个例子是跟踪用户在纽约时报在线(online New York Times)上的点击轨迹。

对某个用户的点击行为观察几周之后，就能够构建该用户的合理画像（profile）了，比如，她不喜欢体育新闻但是好像喜欢技术新闻。如果用户点击了文章 *Fastest Way to Lose Weight Discovered by Professional Trainers* 和 *Slow and Steady: How to lose weight and keep it off*，那么可能她想减肥。如果她点击了 iPhone 的广告，那么或许她对该产品感兴趣。顺便提一下，用户点击广告时所使用的术语称为点击量或点击率。

接下来考虑记录用户在 Amazon 上的商品点击行为之后可以获得的信息。在你的个性化的 Amazon 首页上会显示如下信息。

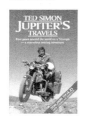

在该例子中，Amazon 记录了用户的点击行为。例如，它知道浏览书籍 *Jupiter's Travels: Four years around the world on a Triumph* 的用户也浏览了 DVD *Long Way Round*，后者记录了演员 Ewan McGregor 及其爱人骑摩托车环游世界的故事。正如在上述 Amazon 截图上看到的那样，这些信息用于在"Customers who viewed this also viewed"（浏览该商品的顾客同时也浏览了）栏显示物品。

另一种隐式评级来自用户实际的购买结果。Amazon 同时也保存了这类信息并利用它们在"Frequently Bought Together"（经常一起购买的组合）和"Customers Who Viewed This Item Also Bought"（浏览该商品的顾客同时也购买了）处给出以下推荐结果。

你可能会想到"Frequently Bought Together"可能会导致某些罕见的推荐结果，但是这一功能却出奇有效。

设想程序能够通过监控你在 iTunes 中的行为得到如下结果。

歌名	时长	歌手	播放次数
Anchor	3:24	Zee Avi	52
My Companjera	3:22	Gogol Bordello	27
Wake Up Everybody	4:25	John Legend & the…	17
Milestone Moon	3:40	Zee Avi	17
…			

首先，有一个事实是我将某首歌加入到了 iTunes 中。这意味着我对这首歌的兴趣高到足以这样做。其次，存在播放次数信息。上述表格表明，我听了 Zee Avi 的歌曲 *Anchor* 52 次。这意味着我喜欢这首歌（实际上我真的喜欢）。如果有首歌在我的音乐库中只是短暂保留，并且我只听了一次，那么这可能意味着我并不喜欢这首歌。

思考题

你是否认为用户对物品的显式评级更精确？

或者你认为用户购买或操作（比如播放次数）可以更精确地判断用户的喜好？

显式评级

Match.com 上 Jim 的自我介绍：

我是个素食主义者。我喜欢红葡萄酒，在森林中远足散步，在火炉边阅读契诃夫（Chekov）的小说，观看法国电影，周六在艺术博物馆度过，喜欢舒曼的钢琴作品。

隐式评级

在 Jim 的口袋里面发现如下物品。

其中包括 12 瓶 Pabst Blue Ribbon 啤酒、Ben and Jerry 店的冰激凌、比萨饼和甜甜圈的收据，以及租赁 DVD 的收据，包括《复仇者联盟》、《生化危机 5：惩罚》和《拳霸 3》。

显式评级的问题

问题 1：用户大都具有惰性，不愿意对物品评级

首先，用户通常不愿意费心对物品评级。可以想象，你们中的大部分人都在 Amazon 上购买过大量商品，反正我是这样的。上个月我买了一架微型玩具直升机、一个 1TB 的硬盘、一个 USB 到 SATA 的转换口、一些维生素、两本 Kindle 电子书（分别是：*Murder City:Ciudad Juarez and the Global Economy's New Killing Fields* 和 *Ready Player One*）以及 4 本纸质书 *No Place to Hide*、*Dr. Weil's 8 Weeks to Optimum Health*、*Anticancer: A new way of life* 和 *Rework*，总共有 12 件物品。而我评过级的有多少商品呢？一个都没有。可以想象大部分人都和我一样，不会对购买的物品评级。

我有根拐杖。我喜欢山中远足，因此我有很多登山杖，包括从 Amazon 购买的一些经久耐用的便宜货。去年我飞往 Austin 参加在那里举行的为期 3 天的 Austin City Limits 音乐节。旅途飞行奔波加重了我的膝伤，最后我去 REI 购买了一款颇为昂贵的 REI 品牌登山杖。但是在城市公园平地散步不到一天这款登山杖就坏了。我拥有

我的略微弯曲的 REI 拐杖

很多10美元的拐杖，它们在平时登落基山时都不会损坏，而那款贵的拐杖却在平地都会损坏。在音乐节期间，我怒火中烧，准备在REI网站就那款拐杖撰写评论。最后我这样做了吗？没有，我太懒了。可见，即使是在这么极端的情况下，我都不会对物品评级。我想存在很多和我一样的懒人。人通常是懒惰的，或者根本没有对商品进行评级的动机。

问题2：用户可能撒谎或者只给出部分信息

假设某个人克服了初始的惰性，真的对商品进行了评级，该用户也有可能撒谎。前面也提到过这样的例子。人们可能直接撒谎，即给出不精确的评级结果，或者以貌似遗漏的方式撒谎，即只提供部分信息。Ben 第一次与 Ann 约会时，去看一部2010年夏纳电影节获奖影片——泰国电影 Uncle Boonmee Who Can Recall His Past Lives。同去的还有 Ben 的朋友 Dan 以及 Dan 的朋友 Clara。Ben 认为这可能是他看过的最烂的影片，而其他3位非常喜欢这部影片，看过之后在餐馆里仍然对其大谈特谈。如果 Ben 在其朋友可以看到的在线影评网站上提高这部影片的评分，或者根本不对该影片评级，那么这一点都不奇怪。

问题3：用户不会更新其评级结果

假设我撰写本章的动机是为了对我在 Amazon 上购买的产品进行评级。那款1TB硬盘非常好，速度很快噪音也很小，我给它打了5星。那款微型玩具直升机也非常好，很容易飞，

也非常好玩，并且不怕碰撞，我也给了5星。一个月之后，那款硬盘坏了，因此我丢失了所有下载的影片和音乐，这使我非常不爽。而那款微型直升机也突然不能正常运行，好像马达烧掉了。现在我认为这两款产品都很烂。但是很可能我不会到 Amazon 网站去更新我的评级（又是因为惰性）结果。因此人们仍然认为我给这两个产品的评级都是5星。

考虑一下某个大学生 Mary，出于某种原因，她喜欢在 Amazon 上评级。10年之前她给她喜欢的音乐唱片打了5星，这些唱片包括：Giggling and Laughing: Silly Songs for Kids 和 Sesame Songs: Sing Yourself Silly！其最新的5星级评级音乐包括 Wolfgang Amadeus Phoenix 和 The Twilight Saga: Eclipse Soundtrack。基于其最新的评级结果她成了另一名大学生 Jen 的最近邻，但是如果将 Giggling and Laughing: Silly Songs for Kids 推荐给 Jen 那会非常古怪。这

里的更新问题与上面的那个问题有所不同（这里的意思是将 Mary 10 年前喜欢的儿童歌曲推荐给 Jen），但是依然是个问题。

思考题

你认为隐式评级的问题是什么（提示：考虑你在 Amazon 的购物行为）？

几页之前，我曾经给出了我上个月在 Amazon 的购物清单，其中有两件商品是给别人买的。其中抗癌那本书是给我堂兄买的，而 Rework 那本书是给我儿子买的。为了了解这为什么也是个问题，下面通过回到我的购物历史来给出一个更有意思的例子。我买了一串壶铃，也买了一本名为 Enter the Kettlebell! Secret of the Soviet Supermen 的书，我把这些作为

Baker 2008.60-61.

对于计算机而言，计算出某款白衬衫是婴儿潮时代女性的职业装仅仅是第一步。更重要的任务是给购买该衬衫的顾客建立画像。比如说这个人是我太太。她到 Macy 商店购买了4、5件自用的商品，有内衣、裤子、两件衬衫，或许还有条皮带。所有的商品都与该顾客的画像吻合，其画像也清晰可见。之后，在出来的路上她想起来要给我们16岁的侄女买一件生日礼物。而上次见到我侄女的时候，她穿的是一件上面写了很多大部分表达愤怒字眼的黑色衣服。她也告诉我们她是一个哥特摇滚爱好者。于是，我太太到商店另一个柜台选择了一件带尖刺花纹的白色硬圆领衣服。

礼物送给儿子。我又购买了一个豪华毛绒玩具博德犬给我太太，因为我们那只 14 岁的博德犬死了。利用上述购买历史作为隐式评级来表示用户的喜好，可能会让人相信该用户喜欢壶铃、喜欢毛绒动物、喜欢微型直升机、喜欢抗癌书籍以及图书 Ready Player One。Amazon 的购买历史无法区分到底是为自己还是为别人买的。史蒂芬·贝克给出了与此相关的一个例子。

如果想为人构建画像也就是想了解某个具体用户的喜好时，上面硬圆领衣服的购买会带来问题。

最后，考虑夫妇俩共享一个 Netflix 账号的情况，丈夫喜欢有大量爆炸和直升机画面的动作片，而妻子则喜欢知识型电影和浪漫喜剧片。如果我们只是浏览该账号的租赁历史，那么就会构建一幅十分古怪的用户画像：该用户喜欢两种完全不同类型的东西。

回忆一下，前面我提到 *Anticancer: A New Way of Life* 一书是我买给我堂兄的礼物。如果对我的购物历史再稍微深挖一点的话，我们会发现以前我也买过这本书。实际上，去年我购买了 3 本不同的书，每种书都购买了多本。大家可以设想我购买多本并不是因为我丢了那些书，也不是因为我忘了读过这些书。最合理的原因是我太喜欢这些书，因此我想将这些书作为礼物推荐给别人。所以，我们从用户的购物历史中可以获得大量信息。

思考题

当观察某个用户在计算机上的行为时，哪些可以用作隐式数据？请在看到后面的解答之前回答这个问题。

隐式数据

网页：　　点击指向某个网页的链接

　　　　　浏览页面的时间

　　　　　重复的访问

> 将一个网页指向其他网页
>
> 在 Hulu 上观看的视频
>
> 音乐播放器：用户播放的歌曲
>
> 用户跳过的歌曲
>
> 某首歌曲播放的次数
>
> 上述这些只触及表面信息！

记住，不论是显式数据还是隐式数据，第 2 章介绍的算法都可以适用。

成功带来的问题

你拥有一个十分成功的带内置推荐系统的流音乐服务。那么可能会出现什么问题？

大量机器：
服务器机群

假设你有 100 万个用户。每次对某个用户进行一次推荐时需要计算 100 万次距离（比较该用户和其他 999999 个用户）。如果每秒需要进行多次推荐的话，计算的次数会十分巨大。如果不砸点机器进去的话，系统会很慢。正式的说法是，基于邻居的推荐系统的最主要缺点是延迟性（latency）太差。幸运的是，该问题有办法解决。

基于用户的过滤

迄今为止,我们进行了基于用户的协同过滤。我们将某个用户和其他所有用户进行比较以发现最近的匹配用户。该方法有两个主要问题。

1. **扩展性**:刚才提到,随着用户数目的增长,计算量也会增长。基于用户的方法在几千用户时效果还好,但是有上百万用户时扩展性就成为一个问题。

2. **稀疏性**:大部分推荐系统中,用户和商品都很多,但是用户评级的平均商品数目却较少。例如,Amazon 有几百万本图书,但是平均每个用户评级过的图书数目只有极小一部分。因此,第 2 章介绍的算法可能找不到最近邻居。

基于上述两种原因,最好采用如下所谓基于物品的过滤。

基于物品的过滤(Item-based Filtering)

假设我们有一个算法可以计算出最相似的两件物品。例如,这类算法可以发现 Phoenix 乐队的专辑 *Wolfgang Amadeus Phoenix* 与 Passion Pit 乐队的专辑 *Manners* 相似。如果某个用户对 *Wolfgang Amadeus Phoenix* 的评级较高,那么就可以推荐与其相似的专辑 *Manners*。注意,这与前面基于用户的过滤有所不同。在基于用户的过滤中,给定某个用户,我们寻找与其最相似的用户(或多个用户),并利用他们的评级结果来进行推荐。而在基于物品的推荐中,我们事先找到最相似的物品,并结合用户对物品的评级结果来生成推荐。

能给一个例子吗?

假设我们的流音乐网站有 m 个用户和 n 个乐队,用户对乐队评级。评级结果在下表中给出。和以前一样,这里仍然是行代表用户,列代表乐队。

我们要计算 Phoenix 和 Passion Pit 的相似度。为实现这一点,我们只使用同时对两个乐队评过级的用户(如框框所示)。如果进行基于用户的过滤,我们要确定行之间的相似度。而对于基于物品的过滤,我们要确定列之间的相似度,这里就是 Phoenix 和 Passion Pit 所在列的相似度。

Users	...	Phoenix	...	Passion Pit	...	n
1 Tamera Young		5				
2 Jasmine Abbey				4		
3 Arturo Alvarez		1		2		
... ...						
u Cecilia De La Cueva		5		5		
... ...						
m-1 Jessica Nguyen		4		5		
m Jordyn Zamora		4				

基于用户的过滤也称为基于内存的协同过滤（memory based collaborative filtering），原因是必须要保存所有的评级结果来进行推荐。

基于物品的过滤也称为基于模型的协同过滤（model based collaborative filtering），原因是不需要保存所有的评级结果，取而代之的是构建一个模型来表示物品之间的相似程度。

调整后的余弦相似度

为计算物品之间的相似度，我们使用第 2 章介绍过的余弦相似度。我们也提到当用户给出的评级都高于预期时会出现"分数贬值"（或者说分数夸大，指分数很高超过实际应得的分数）现象。为了抵消分数贬值的后果，我们会从每个评级结果中减去平均的评级结果。这样做之后就得到下面给出的调整后的余弦相似度计算公式。

$$s(i,j) = \frac{\sum_{u \in U}(R_{u,i} - \overline{R}_u)(R_{u,j} - \overline{R}_u)}{\sqrt{\sum_{u \in U}(R_{u,i} - \overline{R}_u)^2}\sqrt{\sum_{u \in U}(R_{u,j} - \overline{R}_u)^2}}$$

其中，U表示所有同时对i和j进行过评级的用户组成的集合。

上述公式来自 Badrul Sarwar、George Karypis、Joseph Konstan 和 John Reidl 撰写的一篇有关协同过滤的论文 *Item-based collaborative filtering recommendation algorithms*（地址为：http://www.grouplens.org/papers/pdf/www10_sarwar.pdf）。

$$\left(R_{u,i} - \overline{R}_u\right)$$

指的是用户 u 给物品 i 的评分减去用户 u 对所有物品的评分的平均值。这样可以得到归一化的评级结果。在上面有关 $s(i,j)$ 的公式中，我们寻找物品 i 和物品 j 之间的相似度。分子给出的是，对于每个同时对两个物品评级的用户，将两个物品的归一化评级结果相乘，然后对结果求和。在分母中，我们对物品 i 的归一化评级结果的平方求和，然后对 j 进行相同处理，最后求它们的乘积的平方根。

为了展示调整后余弦相似度的计算效果，我们将使用下列 5 名学生对 5 个乐队的评级数据。

Users	average rating	Kacey Musgraves	Imagine Dragons	Daft Punk	Lorde	Fall Out Boy
David			3	5	4	1
Matt			3	4	4	1
Ben		4	3		3	1
Chris		4	4	4	3	1
Torri		5	4	5		3

第一件事是计算每个用户的平均评分，这一点相当简单！把它们算出来填入相应位置，有：

Users	average rating	Kacey Musgraves	Imagine Dragons	Daft Punk	Lorde	Fall Out Boy
David	3.25		3	5	4	1
Matt	3.0		3	4	4	1
Ben	2.75	4	3		3	1
Chris	3.2	4	4	4	3	1
Tori	4.25	5	4	5		3

现在，对每两个乐队我们将计算他们之间的相似度。首先计算 Kacey Musgraves 和 Imagine Dragons 的相似度。在上表中，我将用户同时对两个乐队评级的情况圈了起来。因此，调整后的余弦相似度为：

$$s(Musgraves, Dragons) = \frac{\sum_{u \in U}(R_{u,Musgraves} - \overline{R}_u)(R_{u,Dragons} - \overline{R}_u)}{\sqrt{\sum_{u \in U}(R_{u,Musgraves} - \overline{R}_u)^2}\sqrt{\sum_{u \in U}(R_{u,Dragons} - \overline{R}_u)^2}}$$

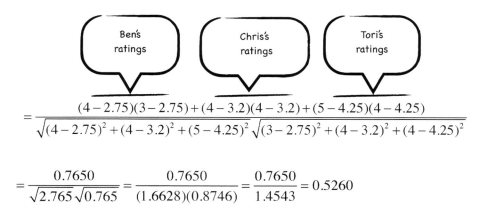

$$= \frac{(4-2.75)(3-2.75)+(4-3.2)(4-3.2)+(5-4.25)(4-4.25)}{\sqrt{(4-2.75)^2+(4-3.2)^2+(5-4.25)^2}\sqrt{(3-2.75)^2+(4-3.2)^2+(4-4.25)^2}}$$

$$= \frac{0.7650}{\sqrt{2.765}\sqrt{0.765}} = \frac{0.7650}{(1.6628)(0.8746)} = \frac{0.7650}{1.4543} = 0.5260$$

因此，Kacey Musgraves 和 Imagine Dragons 之间的相似度为 0.5260，其他一些相似度的计算结果也一并填入下表中：

	Fall Out Boy	Lorde	Daft Punk	Imagine Dragons
Kacey Musgraves	-0.9549		1.0000	0.5260
Imagine Dragons	-0.3378		0.0075	
Daft Punk	-0.9570			
Lorde	-0.6934			
Fall Out Boy				

习题

计算上表中其余的值。

习题——解答

	Fall Out Boy	Lorde	Daft Punk	Imagine Dragons
Kacey Musgraves	-0.9549	0.3210	1.0000	0.5260
Imagine Dragons	-0.3378	-0.2525	0.0075	
Daft Punk	-0.9570	0.7841		
Lorde	-0.6934			

为计算上述值，我编写了一小段 Python 脚本，如下：

```python
def computeSimilarity(band1, band2, userRatings):
    averages = {}
    for (key, ratings) in userRatings.items():
        averages[key] = (float(sum(ratings.values()))
                        / len(ratings.values()))

    num = 0  # numerator
    dem1 = 0 # first half of denominator
    dem2 = 0
    for (user, ratings) in userRatings.items():
        if band1 in ratings and band2 in ratings:
            avg = averages[user]
            num += (ratings[band1] - avg) * (ratings[band2] - avg)
            dem1 += (ratings[band1] - avg)**2
            dem2 += (ratings[band2] - avg)**2
    return num / (sqrt(dem1) * sqrt(dem2))
```

userRatings 的格式如下所示：

```python
users3 = {"David": {"Imagine Dragons": 3, "Daft Punk": 5,
                    "Lorde": 4, "Fall Out Boy": 1},
          "Matt":  {"Imagine Dragons": 3, "Daft Punk": 4,
                    "Lorde": 4, "Fall Out Boy": 1},
          "Ben":   {"Kacey Musgraves": 4, "Imagine Dragons": 3,
                    "Lorde": 3, "Fall Out Boy": 1},
          "Chris": {"Kacey Musgraves": 4, "Imagine Dragons": 4,
                    "Daft Punk": 4, "Lorde": 3, "Fall Out Boy": 1},
          "Tori":  {"Kacey Musgraves": 5, "Imagine Dragons": 4,
                    "Daft Punk": 5, "Fall Out Boy": 3}}
```

	Fall Out Boy	Lorde	Daft Punk	Imagine Dragons
Kacey Musgraves	-0.9549	0.3210	1.0000	0.5260
Imagine Dragons	-0.3378	-0.253	0.0075	
Daft Punk	-0.9570	0.7841		
Lorde	-0.6934			

现在我们已经得到了这个相似度矩阵，如果能够利用该矩阵进行预测那就太好了（比如，我想知道David有多喜欢Kacey Musgraves？）！

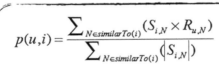

$$p(u,i) = \frac{\sum_{N \in similarTo(i)} (S_{i,N} \times R_{u,N})}{\sum_{N \in similarTo(i)} (|S_{i,N}|)}$$

请用文字表达！

好的，$p(u,i)$指的是用户u将对物品i的评分的预测值。

于是，p(David, Kacey Musgraves)指的是David（公式中的u）将对Kacey Musgraves（公式中的i）的评级结果。

> N 是用户 u 的所有评级物品中每个和 i 得分相似的物品。这里的"相似"指的是在矩阵中存在 N 和 i 的一个相似度得分值。

> $S_{i,N}$ 是 i 和 N 之间的相似度(来自相似度矩阵)。

> $R_{u,N}$ 是 u 给 N 的评级结果。

$$p(u,i) = \frac{\sum_{N \in similarTo(i)} (S_{i,N} \times R_{u,N})}{\sum_{N \in similarTo(i)} (|S_{i,N}|)}$$

> $p(u,i)$ 是我们要预测的 u 对 i 的喜欢程度,即用户 u 给物品 i 的评级结果。

> 要让上述公式能够以最佳方式运行,$R_{N,i}$ 应该在-1到1之间取值。

> 而我们的评级结果却在1到5之间,因此需要一些数值变换的"功夫"来将现有评级结果转换到-1到1之间。

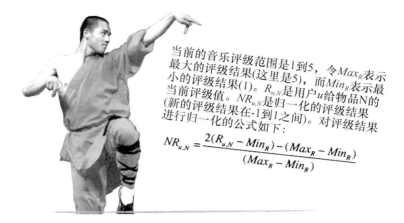

当前的音乐评级范围是1到5，令 Max_R 表示最大的评级结果（这里是5），而 Min_R 表示最小的评级结果(1)。$R_{u,N}$ 是用户u给物品N的当前评级值。$NR_{u,N}$ 是归一化的评级结果（新的评级结果在-1到1之间）。对评级结果进行归一化的公式如下：

$$NR_{u,N} = \frac{2(R_{u,N} - Min_R) - (Max_R - Min_R)}{(Max_R - Min_R)}$$

而将上述归一化结果还原到原始1分到5分范围的公式如下：

$$R_{u,N} = \frac{1}{2}((NR_{u,N} + 1) \times (Max_R - Min_R)) + Min_R$$

比如说，某个人对 Fall Out Boy 的评级为2，最后的归一化结果为：

$$NR_{u,N} = \frac{2(R_{u,N} - Min_R) - (Max_R - Min_R)}{(Max_R - Min_R)} = \frac{2(2-1) - (5-1)}{(5-1)} = \frac{-2}{4} = -0.5$$

反过来，有：

$$R_{u,N} = \frac{1}{2}((NR_{u,N} + 1) \times (Max_R - Min_R)) + Min_R$$

$$= \frac{1}{2}((-0.5 + 1) \times 4) + 1 = \frac{1}{2}(2) + 1 = 1 + 1 = 2$$

好了，现在我们已经掌握了上述数值变换的"功夫"！

首先需要做的一件事是对 David 的评级结果进行归一化处理：

第 3 章 协同过滤——隐式评级及基于物品的过滤

David 的评级结果

Artist	R	NR
Imagine Dragons	3	0
Daft Punk	5	1
Lorde	4	0.5
Fall Out Boy	1	-1

> 下一章将介绍更多有关归一化的知识！

下一章将介绍更多的有关归一化的知识。

相似度矩阵

	Fall Out Boy	Lorde	Daft Punk	Imagine Dragons
Kacey Musgraves	-0.9549	0.3210	1.0000	0.5260
Imagine Dragons	-0.3378	-0.2525	0.0075	
Daft Punk	-0.9570	0.7841		
Lorde	-0.6934			

> David对Imagine Dragons、Daft Punk、Lorde和Fall Out Boy进行了评级，因此我们将在计算中使用这些信息来确定他对Kacey Musgraves的喜欢程度。

> 并且我们将使用归一化的评级结果！

$$p(u,i) = \frac{\sum_{N \in similarTo(i)}(S_{i,N} \times NR_{u,N})}{\sum_{N \in similarTo(i)}(|S_{i,N}|)} =$$

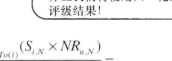

$$\frac{(0.5260 \times 0) + (1.00 \times 1) + (0.321 \times 0.5) + (-0.955 \times -1)}{0.5260 + 1.000 + 0.321 + 0.955}$$

$$= \frac{0+1+0.1605+0.955}{2.802} = \frac{2.1105}{2.802} = 0.753$$

于是，我们可以预测出 David 将会给 Kacey Musgraves 一个 −1 到 1 之间的分值 0.753。为了回到原始 1 到 5 分的区间，我们需要对上述得分进行还原处理：

$$R_{u,N} = \frac{1}{2}((NR_{u,N}+1) \times (Max_R - Min_R)) + Min_R$$

$$= \frac{1}{2}((0.753+1) \times 4) + 1 = \frac{1}{2}(7.012) + 1 = 3.506 + 1 = 4.506$$

因此，我们预测 David 对 Kacey Musgraves 的评级结果为 4.506。

> 调整后的余弦相似度是一种基于模型的协同过滤方法。正如几页前提到的那样，与基于内存的方法相比，这类方法的一个优点是其扩展性更好。对于大型的数据集，基于模型的方法更快，需要的内存也更少。

> 通常不同用户的评级区间不太一样。我可能会对我不太喜欢的歌手打 3 分，而对喜欢的歌手打 4 分。而你可能对不喜欢的歌手打 1 分而对喜欢的歌手打 5 分。调整后的余弦相似度通过减去每个用户给出的平均评分来处理上述问题。

Slope One 算法

另一种流行的基于物品过滤的算法是 Slope One。Slope One 的一个主要优点是简洁性，因此它很容易实现。Slope One 来自 Daniel Lemire 和 Anna Machlachlan 的论文 *Slope One Predictors for Online Rating-Based Collaborative Filtering*（地址为 http://www.daniel-lemire.com/fr/abstracts/SDM2005.html）。这篇论文相当不错，值得阅读。

下面简要地给出该算法的基本知识。假设 Amy 给 PSY 打了 3 分，给 Whitney Houston 打了 4 分。而 Ben 给 PSY 打了 4 分，我们想预测 Ben 给 Whitney Houston 打的分数。该问题如下表所示：

	PSY	Whitney Houston
Amy	3	4
Ben	4	?

为了猜测 Ben 给 Whitney Houston 打的分数，可以给出下面的推理过程。Amy 给 Whitney 打的分数要比 PSY 高 1 分。因此，可以预计 Ben 也可能给 Whitney 的分数高 1 分，于是我们预测 Ben 会给 Whitney 打 5 分。

实际上有多个 Slope One 算法。接下来我们给出加权的 Slope One（Weighted Slope One）算法。记住 Slope One 的一个主要优点是简单。而我们将给出的加权 Slope One 算法看起来复杂一些，但是请读者稍微忍耐一下，很快整个算法就会清晰明了。可以将 Slope One 看成两部分。第一部分，事先（批处理模式，可以是半夜或任何时间进行）计算的部分，称为每对物品之间的偏差（deviation）。在上面提到的那个简单例子中，该过程会确定 Whitney 的得分会比 PSY 高 1 分。经过第一部分的处理之后，就可以得到物品偏差构成的数据库。第二步我们进行实际的预测。来了一个用户，比如 Ben，他从没听过 Whitney Houston 的歌曲，我们想知道他会对 Whitney 打几分。利用他对所有乐队打的分数以及上述偏差矩阵，就可以进行预测。

Slope One 算法的粗略描述图

第一部分(事先进行)：
  计算所有物品对的偏差

第二部分：
  利用偏差进行预测

第一部分：计算偏差

我们在前面的简单例子中加入两个用户和一个乐队，使问题稍微复杂一些：

	Taylor Swift	PSY	Whitney Houston
Amy	4	3	4
Ben	5	2	?
Clara	?	3.5	4
Daisy	5	?	3

第一步是计算偏差。物品 i 到物品 j 的平均偏差为：

$$dev_{i,j} = \sum_{u \in S_{i,j}(X)} \frac{u_i - u_j}{card(S_{i,j}(X))}$$

其中 $card(S)$ 是 S 集合中的元素个数，X 是整个评分集合。因此，$card(S_{j,i}(X))$ 是所有同时对 i 和 j 进行评分的用户集合。考虑 PSY 到 Taylor Swift 的评分偏差。这种情况下，$card(S_{j,i}(X))$ 就应该是 2，这是因为有两个用户(Amy 和 Ben)同时对 PSY 和 Taylor Swift 进行了评分。u_j-u_i 应该是用户对 Taylor Swift 的评分减去其对 PSY 的评分。因此，偏差结果为：

$$dev_{swift,psy} = \frac{(4-3)}{2} + \frac{(5-2)}{2} = \frac{1}{2} + \frac{3}{2} = 2$$

于是，PSY 到 Taylor Swift 的评分偏差为 2，这也意味着用户对 Swift 的评分平均要比 PSY 高 2 分。同样，可以得到 Taylor Swift 到 PSY 的评分偏差为：

$$dev_{psy,swift} = \frac{(3-4)}{2} + \frac{(2-5)}{2} = -\frac{1}{2} + -\frac{3}{2} = -2$$

 习题

计算如下表格中的其余部分：

	Taylor Swift	PSY	Whitney Houston
Taylor Swift	0	2	
PSY	-2	0	
Whitney Houston			0

 习题——解答

计算如下表格中的其余部分：

Taylor Swift 对 Whitney Houston 的评分偏差为：

$$dev_{swift, houston} = \frac{(4-4)}{2} + \frac{(5-3)}{2} = \frac{0}{2} + \frac{2}{2} = 1$$

而 PSY 对 Whitney Houston 的评分偏差为：

$$dev_{psy, houston} = \frac{(3-4)}{2} + \frac{(3.5-4)}{2} = \frac{-1}{2} + \frac{-0.5}{2} = -0.75$$

	Taylor Swift	PSY	Whitney Houston
Taylor Swift	0	2	1
PSY	-2	0	-0.75
Whitney Houston	-1	0.75	0

 思考题

考虑一个流音乐网站，其中有百万用户对 20 万乐队进行评级。如果有个新用户对其中 10 个乐队进行了评级，是否需要重新运行算法来生成所有 200k×200k 的矩阵？

还是有更简单的处理方法？

 思考题解答：

考虑一个流音乐网站，其中有百万用户对 20 万乐队进行评级。如果有个新用户对其中 10 个乐队进行了评级，是否需要重新运行算法来生成所有 200k×200k 的矩阵？还是有更简单的处理方法？

不必运行算法来生成所有数据。这也是该方法的美妙之处。对于给定的一对物品，我们只需要记录偏差值和同时对两个物品评级的用户数目即可。

例如，假设我们知道 Taylor Swift 对 PSY 的评级偏差值为 2，并且该结果来自同时对 Taylor Swift 和 PSY 评级的 9 个用户。如果来了一个新用户，他对 Taylor Swift 的评分为 5，对 PSY 的评分为 1，那么整个偏差值可以按照如下方式更新：

((9×2) + 4) / 10 = 2.2

第二部分:利用加权 Slope One 算法进行预测

好了,现在我们拥有了一个非常大的偏差数据集。如何利用该数据集进行预测?前面提到,我们使用加权 Slope One 或者简写为 P^{wS1},预测公式如下:

$$P^{wS1}(u)_j = \frac{\sum_{i \in S(u)-\{j\}}(dev_{j,i}+u_i)c_{j,i}}{\sum_{i \in S(u)-\{j\}}c_{j,i}}$$

其中,

$$c_{j,i} = card(S_{j,i}(\chi))$$

$P^{wS1}(u)j$ 指的是利用加权 Slope One 算法给出的用户 u 对物品 j 的预测值。因此,P^{wS1}(Ben)$_{\text{Whitney Houston}}$ 指的是 Ben 对 Whitney Houston 的评分预测值。

假设我对如下的问题感兴趣:Ben 会对 Whitney Houston 打多少分?

首先看看分子部分。

$$\sum_{i \in S(u)-\{j\}}$$

指的是对所有除 j(这里是 Whitney Houston)之外 Ben 打过分的乐队。

这个分子部分是指，对每个 Ben 评过分的乐队（除 Whitney Houston 之外），我们会查找 Whitney Houston 到该乐队的偏差，然后将其加到 Ben 对 i 的评级结果上。之后，将结果与同时对两个乐队（Whitney 和 i）进行过评分的用户数目相乘。

下面给出具体的计算过程。

首先，下面给出了 Ben 的评分结果以及前面的偏差表：

	Taylor Swift	PSY	Whitney Houston
Ben	5	2	?

	Taylor Swift	PSY	Whitney Houston
Taylor Swift	0	2	1
PSY	-2	0	-0.75
Whitney Houston	-1	0.75	0

1. Ben 曾经对 Taylor Swift 进行过评分，分值为 5，这是 u_i。

2. Whitney Houston 到 Taylor Swift 的偏差为-1，这是 $dev_{j,i}$。

3. 于是 $dev_{j,i}+u_i$ 为 4。

4. 从前面可以得到有两个人(Amy 和 Daisy)同时对 Taylor Swift 和 Whitney Houston 进行了评分，因此 $c_{j,i}$=2。

5. 于是 $(dev_{j,i}+u_i)c_{j,i}$=4×2=8。

6. Ben 对 PSY 进行过评分，分值为 2。

7. Whitney Houston 到 PSY 的偏差为 0.75。

8. 于是 $dev_{j,i}+u_i$ 为 2.75。

9. 有两个用户同时对 Whitney Houston 和 PSY 进行了评分，因此 $(dev_{j,i}+u_i)c_{j,i}$=2.75×2=5.5。

10. 将第 5 步和第 9 步的结果相加得到 13.5，这是分子的计算结果。

下面计算分母。

11. 分母计算的是，对于每个 Ben 评过分的乐队，将所有同时对两个乐队评过分的用户（这里即同时对该乐队和 Whitney Houston 评分）数目进行累加。Ben 对 Taylor Swift 评过分，而同时对 Taylor Swift 和 Whitney Houston 评过分的用户数目为 2；Ben 也对 PSY 评过分，而同时对 PSY 和 Whitney Houston 评过分的用户数目也是 2。于是分母的结果为 4。

12. 所以，Ben 对 Whitney Houston 的评分预测值为 $\frac{13.5}{4} = 3.375$。

基于 Python 的实现

下面将对第 2 章开发的 Python 类进行扩展。为节省空间，这里不再重复那个推荐类的代码，而只是对其进行了回指（记住，那份代码可以从地址 http://guidetodatamining.com 下载）。回顾一下，那个类的数据格式如下：

```
users2 = {"Amy": {"Taylor Swift": 4, "PSY": 3, "Whitney Houston": 4},
          "Ben": {"Taylor Swift": 5, "PSY": 2},
          "Clara": {"PSY": 3.5, "Whitney Houston": 4},
          "Daisy": {"Taylor Swift": 5, "Whitney Houston": 3}}
```

首先计算偏差，偏差的计算公式如下：

$$dev_{i,j} = \sum_{u \in S_{i,j}(X)} \frac{u_i - u_j}{card(S_{i,j}(X))}$$

因此，我们的 computeDeviations 函数的输入数据格式就是上面的 users2 格式，而输出结果的格式如下所示：

	Taylor Swift	PSY	Whitney Houston
Taylor Swift	0	2 (2)	1 (2)
PSY	-2 (2)	0	-0.75 (2)
Whitney Houston	-1 (2)	0.75 (2)	0

上述表格中括号中的数字是频率，即同时对两个乐队进行评分的用户数目。因此，对每对乐队，我们需要同时保存偏差值和频率值。

我们函数的伪代码如下：

```
def computeDeviations(self):
    for each i in bands:
        for each j in bands:
            if i ≠ j:
                compute dev(j,i)
```

这段伪代码看上去不错，但是你可以发现，伪代码所期望的数据格式和数据的实际格式（参看上面的 user2）之间是脱钩的。作为编程人员来说有两种选择，一种是对数据格式进行转换，一种是对伪代码进行修改。我倾向于采用后一种做法，修改后的伪代码如下：

```
def computeDeviations(self):
    for each person in the data:
        get their ratings
        for each item & rating in that set of ratings:
            for each item2 & rating2 in that set of ratings:
                add the difference between the ratings to our computation
```

下面将一步一步对上述伪代码进行实现。

第 1 步：

```
def computeDeviations(self):
    # for each person in the data:
    #     get their ratings
    for ratings in self.data.values():
```

Python 中的字典（也称为哈希表）是键值对（key value pair）。self.data 是一部字典。其 values 方法从字典中仅仅抽取值信息。我们的数据如下：

```
users2 = {"Amy": {"Taylor Swift": 4, "PSY": 3, "Whitney Houston": 4},
          "Ben": {"Taylor Swift": 5, "PSY": 2},
          "Clara": {"PSY": 3.5, "Whitney Houston": 4},
          "Daisy": {"Taylor Swift": 5, "Whitney Houston": 3}}
```

因此，第一次循环中的评分值为 `ratings={"Taylor Swift": 4, "PSY": 3,"Whitney Houston": 4}`。

第 2 步：

```
def computeDeviations(self):
   # for each person in the data:
   #    get their ratings
   for ratings in self.data.values():
      #for each item & rating in that set of ratings:
      for (item, rating) in ratings.items():
         self.frequencies.setdefault(item, {})
         self.deviations.setdefault(item, {})
```

在推荐类的初始化方法中，我将 self.frequencies 和 self.deviations 初始化为字典。

```
def __init__(self, data, k=1, metric='pearson', n=5):
   ...

   #
   # The following two variables are used for Slope One
   #
   self.frequencies = {}
   self.deviations = {}
```

Python 字典方法 setdefault 中有两个参数：key 和 initialValue。该方法的工作过程为：如果 key 在字典中不存在，则将它和值 initialValue 加入到字典中；否则返回 key 的当前值。

第 3 步：

```
def computeDeviations(self):
   # for each person in the data:
   #    get their ratings
   for ratings in self.data.values():
      # for each item & rating in that set of ratings:
      for (item, rating) in ratings.items():
         self.frequencies.setdefault(item, {})
```

```
        self.deviations.setdefault(item, {})
        # for each item2 & rating2 in that set of ratings:
        for (item2, rating2) in ratings.items():
            if item != item2:
                # add the difference between the ratings
                # to our computation
                self.frequencies[item].setdefault(item2, 0)
                self.deviations[item].setdefault(item2, 0.0)
                self.frequencies[item][item2] += 1
                self.deviations[item][item2] += rating - rating2
```

这一步加入的代码计算了两个评分之间的差异并将其累加到当前 self.deviations 上。使用数据：

```
{"Taylor Swift": 4, "PSY": 3, "Whitney Houston": 4}
```

在外循环中当 item="Taylor Swift"、"rating=4"时，在内循环中当 item2="PSY"、"rating2=3"时，上述代码的最后一行会将 1 加到 self.deviations["Taylor Swift"]["PSY"]上。

第 4 步：

最后，我们必须遍历 self.deviations，将每个偏差除以其关联频率。

```
    def computeDeviations(self):
        # for each person in the data:
        #    get their ratings
        for ratings in self.data.values():
            # for each item & rating in that set of ratings:
            for (item, rating) in ratings.items():
                self.frequencies.setdefault(item, {})
                self.deviations.setdefault(item, {})
                # for each item2 & rating2 in that set of ratings:
                for (item2, rating2) in ratings.items():
                    if item != item2:
                        # add the difference between the ratings
                        # to our computation
                        self.frequencies[item].setdefault(item2, 0)
                        self.deviations[item].setdefault(item2, 0.0)
                        self.frequencies[item][item2] += 1
                        self.deviations[item][item2] += rating - rating2

        for (item, ratings) in self.deviations.items():
            for item2 in ratings:
                ratings[item2] /= self.frequencies[item][item2]
```

大功告成！

$$dev_{i,j} = \sum_{u \in S_{i,j}(X)} \frac{u_i - u_j}{card(S_{i,j}(X))}$$

即使加上注释，上述实现也只需要 18 行代码，简直难以置信！

将上述方法运行于如下数据：

```
users2 = {"Amy": {"Taylor Swift": 4, "PSY": 3, "Whitney Houston": 4},
          "Ben": {"Taylor Swift": 5, "PSY": 2},
          "Clara": {"PSY": 3.5, "Whitney Houston": 4},
          "Daisy": {"Taylor Swift": 5, "Whitney Houston": 3}}
```

会得到：

```
>>> r = recommender(users2)
>>> r.computeDeviations()
>>> r.deviations
{'PSY': {'Taylor Swift': -2.0, 'Whitney Houston': -0.75}, 'Taylor
Swift': {'PSY': 2.0, 'Whitney Houston': 1.0}, 'Whitney Houston':
{'PSY': 0.75, 'Taylor Swift': -1.0}}
```

这和我们前面手算的结果完全一样。

	Taylor Swift	PSY	Whitney Houston
Taylor Swift	0	2	1
PSY	-2	0	-0.75
Whitney Houston	-1	0.75	0

感谢 **Bryan O'Sullivan** 及其博客 **teideal glic deisbhéalach**（serpentine.com/blog），该博客上给出了 **Slope One** 的一个 **Python** 实现！本章的代码基于该实现代码给出。

加权 Slope One：推荐模块

现在是时候构建推荐模块的代码了：

$$P^{wS1}(u)_j = \frac{\sum_{i \in S(u)-\{j\}} (dev_{j,i} + u_i) c_{j,i}}{\sum_{i \in S(u)-\{j\}} c_{j,i}}$$

这里的一个大问题是能否突破前面 compteDeviations 的 18 行实现代码。首先，分析上面的公式并将它转化为英文和/或伪代码。尝试一下。

 习题

上述公式的伪英文描述是什么？

 习题——解答

这里给出了一个我的解答：

我将为某个具体用户进行推荐。我拥有的是如下格式的推荐结果：

  {"Taylor Swift": 5, "PSY": 2}

```
For every userItemand userRating in the user's recommendations:

  For every diffItem that the user didn't rate (item2 ≠ item):

    add the deviation of diffItem with respect to userItem to

    the userRating of the userItem. Multiply that by the number of

      people that rated both userItem and diffItem.

      Add that to the running sum for diffItem

      Also keep a running sum for the number of people that

          Rated diffItem.
```

最后，对结果列表中的每个 diffItem，将该 item 的总和除以该 item 的总频率并返回结果。

下面我将上面的英文描述转为 Python 代码：

```python
def slopeOneRecommendations(self, userRatings):
    recommendations = {}
    frequencies = {}
    # for every item and rating in the user's recommendations
    for (userItem, userRating) in userRatings.items():
        # for every item in our dataset that the user didn't rate
        for (diffItem, diffRatings) in self.deviations.items():
            if diffItem not in userRatings and \
               userItem in self.deviations[diffItem]:
                freq = self.frequencies[diffItem][userItem]
                recommendations.setdefault(diffItem, 0.0)
                frequencies.setdefault(diffItem, 0)
                # add to the running sum representing the numerator
                # of the formula
                recommendations[diffItem] += (diffRatings[userItem] +
                                              userRating) * freq
                # keep a running sum of the frequency of diffitem
                frequencies[diffItem] += freq

    recommendations = [(self.convertProductID2name(k),
```

```
                         v / frequencies[k])
                 for (k, v) in recommendations.items()]

# finally sort and return
recommendations.sort(key=lambda artistTuple: artistTuple[1],
                     reverse = True)
return recommendations
```

接下来为上述完整的 Slope One 实现进行如下的简单测试：

```
>>> r = recommender(users2)
>>> r.computeDeviations()
>>> g = users2['Ben']
>>> r.slopeOneRecommendations(g)
[('Whitney Houston', 3.375)]
```

该结果和我们手工计算的结果一致。因此，算法的推荐部分也用了 18 行代码，于是 Slope One 算法的 Python 代码总共用了 36 行代码。利用 Python 可以写出十分紧凑的代码。

MovieLens 数据集

下面将 Slope One 推荐系统用到另一个不同的数据集上。明尼苏达大学 GroupLens 研究项目所收集的 MovieLens 数据集包含用户对影片的评分。该数据集可以从 www.grouplens.org 下载。该数据集包含 3 种规模，这里为演示方便起见，使用了其中最小规模的数据集，其中包含 943 个用户对 1682 部影片的 10 万评分（1 到 5 分）数据。下面我写了一小段函数代码可以将该数据导入到上述推荐类中。

> 同样，你可以从地址 www.guidetodatamining.com 下载本章代码。

下面我们就试试。

首先，将数据加载到 Python 推荐对象中：

```
>>> r = recommender(0)
>>> r.loadMovieLens('/Users/raz/Downloads/ml-100k/')
102625
```

下面将使用 User1 的信息。为了详细考察数据的情况，下面给出 User1 评级的前 50 部影片：

```
>>> r.showUserTopItems('1', 50)
When Harry Met Sally... (1989)       5
Jean de Florette (1986) 5
Godfather, The (1972)      5
Big Night (1996)   5
Manon of the Spring (Manon des sources) (1986) 5
Sling Blade (1996)         5
Breaking the Waves (1996)        5
Terminator 2: Judgment Day (1991)      5
Searching for Bobby Fischer (1993) 5
Maya Lin: A Strong Clear Vision (1994)      5
Mighty Aphrodite (1995) 5
Bound (1996)        5
Full Monty, The (1997) 5
Chasing Amy (1997)         5
Ridicule (1996)    5
Nightmare Before Christmas, The (1993)      5
Three Colors: Red (1994)         5
Professional, The (1994)         5
Priest (1994)         5
...
```

User1 对这些影片的评分都是 5！

下面将进行 Slope One 算法的第一步，即计算偏差：

```
>>> r.computeDeviations()
```

> 这一步在我的笔记本电脑上大概需要运行 50 秒。

最后，得到 User1 的推荐结果：

```
>>> r.slopeOneRecommendations(r.data['1'])
[('Entertaining Angels: The Dorothy Day Story (1996)', 6.375), ('Aiqing wansui (1994)', 5.849056603773585), ('Boys, Les (1997)', 5.644970414201183), ("Someone Else's America (1995)", 5.391304347826087), ('Santa with Muscles (1996)', 5.380952380952381), ('Great Day in Harlem, A (1994)', 5.275862068965517), ...
```

以及 User25 的推荐结果：

```
>>> r.slopeOneRecommendations(r.data['25'])
[('Aiqing wansui (1994)', 5.674418604651163), ('Boys, Les (1997)', 5.523076923076923), ('Star Kid (1997)', 5.25), ('Santa with Muscles (1996)',
```

项目

1. 你可以对 MovieLens 数据集中的 10 部影片进行评级,看看 Slope One 推荐系统会给你推荐什么影片?推荐系统给你推荐的影片是你喜欢的类型吗?

2. 实现调整的余弦相似度计算方法,将其性能与 Slope One 进行比较。

3. (较难)当运行于 Booking Crossing 数据集时,我的内存溢出(我笔记本有 8GB 内存)。回忆一下,该数据集有 27 万本书被评分。因此需要一个 270000×270000 的字典来存储偏差值,这大概需要 730 亿个字典条目。对于 MovieLens 数据集,其字典的稀疏度如何?修改代码以便能够处理更大的数据集。

第 3 章已经结束,祝贺!

本章中有一些难点,包括理解那些看上去复杂的公式的含义以及它们的具体实现。

第 4 章
Chapter 4

内容过滤及分类——基于物品属性的过滤

在前面的几章中，我们介绍了基于协同过滤（也称为社会过滤，social filtering）的推荐。在协同过滤中，我们利用了用户社区的力量来帮助进行推荐。你购买了 *Wolfgang Amadeus Phoenix*，而我们知道购买该专辑的很多顾客同时也购买了 *Vampire Weekend* 的 "*Contra*"，因此我们将后者推荐给你。我观看了连续剧 *Doctor Who*，Netflix 会推荐 *Quantum Leap* 给我，这是因为观看 *Doctor Who* 的很多用户也观看了 *Quantum Leap*。前面几章中我们也谈到了协同过滤中的难点，包括数据稀疏和扩展性带来的问题。另一个问题是基于协同过滤的推荐系统倾向于推荐已流行的物品，即偏向于流行事物。作为一个极端的例子，考虑一个全新乐队刚发布的专辑。由于乐队和专辑从没被人评过分（或者由于全新从没被人购买过），因此它永远不会被推荐（这是推荐系统中所谓的"冷启动"问题）。

> 这种推荐系统会对流行产品带来"富者越富"的效果，而对非流行产品带来"贫者越贫"的效果。
>
> ——Daniel Fleder, Kartik Hosanagar, 2009. Blockbusters Culture's Next Rise or Fall: The Impact of Recommender Systems on Sales Diversity, Management Science vol 55

本章会考察一种不同的推荐方法。考虑流音乐网站 Pandora。正如大家所知道的那样，在 Pandora 中，你可以构建多个不同的流无线电台。一开始每个电台给出某个歌手，然后 Pandora 会播放与该歌手演唱风格类似的音乐。我可以构建一个电台，该电台的种子歌手是

Phoenix 乐队。然后电台就会播放与 Phoenix 风格类似的歌曲，比如，它会播放 El Ten Eleven 的一首歌。这种方式并不是通过协同过滤实现的，即不是因为听 Phoenix 的用户也听 El Ten Eleven。之所以会播放 El Ten Eleven 是因为算法认为它在音乐上和 Phoenix 类似。实际上，我们可以询问 Pandora 为什么会播放该乐队的一首歌曲。

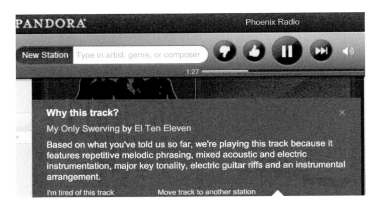

在 Phoenix 所在电台播放 El Ten Eleven 的 *My Only Swerving* 的原因是："基于目前对你的了解，由于其具有重复韵律、混合声电乐器、大调音调、电子吉他即兴重复段、器乐伴奏等特征，所以我们选放了这首音乐。"而在 Hiromi 电台，其选放的是 E.S.T. 的一首曲子，这是因为"它的特征包括：具有经典爵士乐传统、带一段明晰的钢琴独奏、带感光鼓、歌曲结构十分有趣、声部写作也十分有趣"。

Pandora 的推荐基于一种称为音乐基因的项目（The Music Genome Project）。他们雇了一些具有很强音乐理论背景的专业音乐人士作为分析师，由他们来决定歌曲的特征（他们称之为基因）。这些分析师会接受超过 150 个小时的培训。一旦培训完毕，他们就会花平均 20～30 分钟的时间来分析一首歌曲以确定其基因或者说特征。这些特征当中很多都是专业性的。

El Ten Eleven		My Only Swerving	
Beats per Minute:	110	major tonality:	5
swinging 16ths:	0	electric guitar riffs:	5
well articulated piano solo:	2	repetitive melodic phrasing:	4
block chords:	3	drumming:	3
acoustic instrumentation:	5	electric instrumentation:	4

分析师会在超过 400 种基因上进行评分。由于每个月都大约添加 15000 首新歌，因此上述做法的工作量很大。

> 注意：Pandora 算法拥有自己的专利，因此我对其工作流程一无所知。下面给出的不是 Pandora 的工作流程，而是如何构建相似系统的一段解释。

选择合适取值的重要性

考虑 Pandora 使用的两个基因：流派（genre）和情绪（mood）。这些基因的值如下所示：

genre	
Country	1
Jazz	2
Rock	3
Soul	4
Rap	5

Mood	
Melancholy	1
joyful	2
passion	3
angry	4
unknown	5

因此，如果流派的取值为 4，则表示"灵魂乐"，而如果情绪音乐的取值为 3 则表示"激动"。假设有一首忧郁的摇滚歌曲，比如 James Blunt 的那首令人窒息的 *You're Beautiful*。从二维空间来看，可以在纸上画出这首歌曲，如下：

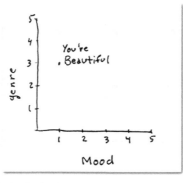

> 事实：
> 在一个Rolling Stone的投票活动中，You're Beautiful 在最忧伤的歌曲中排名第7！

比如，Tex 就相当喜欢 *You're Beautiful* 这首歌，于是我们就将其推荐给他。

> 这首 *You're Beautiful* 是如此忧伤美丽，我喜欢！

下面将更多歌曲加入到数据集中。歌曲 1 是一首忧伤的爵士乐，歌曲 2 是一首愤怒的灵魂乐，而歌曲 3 是一首愤怒的爵士乐。那么到底将哪些歌曲推荐给 Tex？

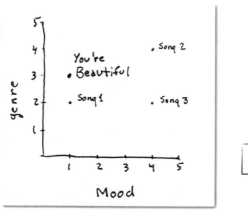

> 歌曲1看上去最近！

我希望读者能看到上述机制的一个致命缺陷。我们再回头看看这些变量的可能取值：

Mood	
melancholy	1
joyful	2
passion	3
angry	4
unknown	5

genre	
Country	1
Jazz	2
Rock	3
Soul	4
Rap	5

在上述机制下，不管使用哪种距离计算方法，都有爵士乐离摇滚乐要比离灵魂乐更近（爵士乐和摇滚乐的距离为1，而爵士乐和灵魂乐的距离为2）。或者也可以说，"忧伤"离"高兴"要比离"愤怒"更近。即使我们对取值进行重排，上述问题仍然会存在。

Mood	
melancholy	1
angry	2
passion	3
joyful	4
unknown	5

genre	
Country	1
Jazz	2
Soul	3
Rap	4
Rock	5

重排不能解决问题。不管对取值如何，重排都无法奏效。这表示我们选出了一些很差的特征，我们希望选出的特征在一个有意义的尺度内取值。我们可以很容易地将流派特征分成5个独立的特征，一个特征对应乡村乐、另一个对应爵士乐，其余依此类推。

所有独立的特征都可以在1~5这个区间范围内取值。比如问这首歌曲有多少乡村音乐的成分？1意味着没有任何乡村音乐成分，而5则意味着就是一首地道的乡村音乐。现在取值的尺度确实是有意义的。如果想找一首乡村音乐取值为5的歌曲相似的歌曲，那么乡村音乐取值想为4的歌曲会比取值为1的歌曲更近。

这就是 Pandora 构建音乐基因集的做法。大部分音乐基因的取值范围都在 1～5 之间，每两个邻近取值之间相差 1/2。这些音乐基因都组织成类别。例如，有一个音色类别，布鲁斯摇滚（Blues Rock）、民谣摇滚（Folk Rock）及流行摇滚（Pop Rock）等都属于这个类别。另一个类别是乐器+音乐基因，包括手风琴、刺耳的电吉电声以及刺耳的管风琴等。利用这些取值在 1～5 之间具有良好定义的音乐基因，Pandora 将每首歌表示成一个 400 维的数值向量（也就是说，每首歌对应 400 维空间的一个点）。现在 Pandora 就可以基于前面看到的标准距离函数来推荐歌曲（也就是说，基于用户自定义的音乐电台来决定播放哪些歌曲）。

一个简单的例子

下面构造一个简单的数据集来探讨上述算法。假设有一些特征，每个特征的取值都在 1～5 之间，每两个邻近取值相差 1/2（我承认这既不是一个十分合理也不是十分完善的做法）：

Amount of piano	1 indicates lack of piano; 5 indicates piano throughout and featured prominently
Amount of vocals	1 indicates lack of vocals; 5 indicates prominent vocals throughout song.
Driving beat	Combination of constant tempo, and how the drums & bass drive the beat.
Blues Influence	
Presence of dirty electric guitar	
Presence of backup vocals	
Rap Influence	

下面，利用上述特征对 10 首歌评分：

	Piano	Vocals	Driving beat	Blues infl.	Dirty elec. Guitar	Backup vocals	Rap infl.
Dr. Dog/ Fate	2.5	4	3.5	3	5	4	1
Phoenix/ Lisztomania	2	5	5	3	2	1	1
Heartless Bastards / Out at Sea	1	5	4	2	4	1	1
Todd Snider/ Don't Tempt Me	4	5	4	4	1	5	1
The Black Keys/ Magic Potion	1	4	5	3.5	5	1	1
Glee Cast/ Jessie's Girl	1	5	3.5	3	4	5	1
Black Eyed Peas/ Rock that Body	2	5	5	1	2	2	4
La Roux/ Bulletproof	5	5	4	2	1	1	1
Mike Posner/ Cooler than me	2.5	4	4	1	1	1	1
Lady Gaga/ Alejandro	1	5	3	2	1	2	1

每首歌都表示成一系列数字列表，于是我们可以利用任一距离函数来计算歌曲之间的距离。例如，Dr. Dog 的 Fate 和 Phoenix 的 Lisztomania 之间的曼哈顿距离就是：

Dr. Dog/ Fate	2.5	4	3.5	3	5	4	1
Phoenix/ Lisztomania	2	5	5	3	2	1	1
Distance	0.5	1	1.5	0	3	3	0

对上表的第三行求和便得到最终的曼哈顿距离 9。

> **习题**
>
> 我希望使用欧氏距离找到离 Glee 演奏的 Jessie's Girl 最近的歌曲。请完成如下表格并找出最近的歌手/歌曲组合。

	distance to Glee's Jessie's Girl
Dr. Dog/ Fate	??
Phoenix/ Lisztomania	4.822
Heartless Bastards / Out at Sea	4.153
Todd Snider/ Don't Tempt Me	4.387
The Black Keys/ Magic Potion	4.528
Glee Cast/ Jessie's Girl	0
Black Eyed Peas/ Rock that Body	5.408
La Roux/ Bulletproof	6.500
Mike Posner/ Cooler than me	5.701
Lady Gaga/ Alejandro	??

习题——解答

	distance to Glee's Jessie's Girl
Dr. Dog/ Fate	2.291
Lady Gaga/ Alejandro	4.387

回想一下，两个拥有 n 个属性的对象 x、y 的欧氏距离为：

$$d(x,y) = \sqrt{\sum_{k=1}^{n}(x_k - y_k)^2}$$

于是 Glee 和 Lady Gaga 之间的欧氏距离为：

	piano	vocals	beat	blues	guitar	backup	rap	SUM	SQRT
Glee	1	5	3.5	3	4	5	1		
Lady G	1	5	3	2	1	2	1		
(x-y)	0	0	0.5	1	3	3	0		
(x-y)²	0	0	0.25	1	9	9	0	19.25	4.387

用 Python 实现

回想一下，前面社会过滤中的数据格式如下：

```
users = {"Angelica": {"Blues Traveler": 3.5, "Broken Bells": 2.0,
                      "Norah Jones": 4.5, "Phoenix": 5.0,
                      "Slightly Stoopid": 1.5, "The Strokes": 2.5,
                      "Vampire Weekend": 2.0},
         "Bill":     {"Blues Traveler": 2.0, "Broken Bells": 3.5,
                      "Deadmau5": 4.0, "Phoenix": 2.0,
                      "Slightly Stoopid": 3.5, "Vampire Weekend": 3.0}}
```

这里可以用类似的方式来表示数据：

```
music = {"Dr Dog/Fate": {"piano": 2.5, "vocals": 4, "beat": 3.5,
                         "blues": 3, "guitar": 5, "backup vocals": 4,
                         "rap": 1},
         "Phoenix/Lisztomania": {"piano": 2, "vocals": 5, "beat": 5,
                                 "blues": 3, "guitar": 2,
                                 "backup vocals": 1, "rap": 1},
         "Heartless Bastards/Out at Sea": {"piano": 1, "vocals": 5,
                                           "beat": 4, "blues": 2,
                                           "guitar": 4,
                                           "backup vocals": 1,
                                           "rap": 1},
         "Todd Snider/Don't Tempt Me": {"piano": 4, "vocals": 5,
                                        "beat": 4, "blues": 4,
                                        "guitar": 1,
                                        "backup vocals": 5, "rap": 1},
         "The Black Keys/Magic Potion":{"piano": 1, "vocals": 4,
                                        "beat": 5, "blues": 3.5,
                                        "guitar": 5,
                                        "backup vocals": 1,
                                        "rap": 1},
         "Glee Cast/Jessie's Girl": {"piano": 1, "vocals": 5,
                                     "beat": 3.5, "blues": 3,
                                     "guitar":4, "backup vocals": 5,
                                     "rap": 1},
         "La Roux/Bulletproof": {"piano": 5, "vocals": 5, "beat": 4,
                                 "blues": 2, "guitar": 1,
                                 "backup vocals": 1, "rap": 1},
         "Mike Posner": {"piano": 2.5, "vocals": 4, "beat": 4,
                         "blues": 1, "guitar": 1, "backup vocals": 1,
                         "rap": 1},
         "Black Eyed Peas/Rock That Body": {"piano": 2, "vocals": 5,
                                            "beat": 5, "blues": 1,
                                            "guitar": 2,
```

```
                                  "backup vocals": 2,
                                  "rap": 4},
     "Lady Gaga/Alejandro": {"piano": 1, "vocals": 5, "beat": 3,
                             "blues": 2, "guitar": 1,
                             "backup vocals": 2, "rap": 1}}
```

现在假设我有个朋友,他说他喜欢 Black Keys Magic Potion。我可以将该信息插入到手边的曼哈顿距离函数中。

```
>>> computeNearestNeighbor('The Black Keys/Magic Potion', music)
[(4.5, 'Heartless Bastards/Out at Sea'), (5.5, 'Phoenix/Lisztomania'),
(6.5, 'Dr Dog/Fate'), (8.0, "Glee Cast/Jessie's Girl"), (9.0, 'Mike
Posner'), (9.5, 'Lady Gaga/Alejandro'), (11.5, 'Black Eyed Peas/Rock
That Body'), (11.5, 'La Roux/Bulletproof'), (13.5, "Todd Snider/Don't
Tempt Me")]
```

于是我可以推荐 Heartless Bastards 的 *Out at Sea* 给他,事实上这确实是一个非常好的推荐结果。

> **注意:**
>
> 本例中的代码以及书中的所有例子都可以从本书网站 http://www.guidetodatamining.com 获得。

给出推荐的原因

当 Pandora 进行推荐时,它会给出可能的原因:

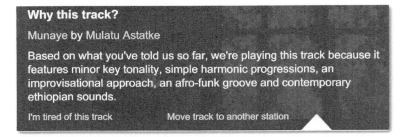

我们也可以这样做。还记得我那个喜欢 *The Black Keys Magic Potion* 的朋友吗?我们曾

推荐了 Heartless Bastards 的 *Out at Sea* 给他。到底是什么特征影响了该推荐结果？我们可以比较两个特征向量：

	Piano	Vocals	Driving beat	Blues infl.	Dirty elec. Guitar	Backup vocals	Rap infl.
Black Keys Magic Potion	1	5	4	2	4	1	1
Heartless Bastards Out at Sea	1	4	5	3.5	5	1	1
difference	0	1	1	1.5	1	0	0

两首歌中最近的特征为 piano、presence of backup vocals 和 rap influence，它们的差异都是 0。但是这两首歌中这些特征的取值都处于最低端，它们都没有 piano、presence of backup vocals 和 rap influence，如果我们说"因为这首歌没有 backup vocals 所以才推荐"可能毫无作用。与此相反，我们应集中关注取值在高端的那些公共特征。

我们认为你可能喜欢Heartless Bastards Out at Sea这首歌，因为它也有driving beat、vocals 及 dirty electric guitar等特征。

由于我们的数据集特征很少，均衡性也不好，因此其他的推荐结果并不像上面的推荐那样特别令人满意：

```
>>> computeNearestNeighbor("Phoenix/Lisztomania", music)

[(5, 'Heartless Bastards/Out at Sea'), (5.5, 'Mike Posner'), (5.5, 'The
Black Keys/Magic Potion'), (6, 'Black Eyed Peas/Rock That Body'), (6,
'La Roux/Bulletproof'), (6, 'Lady Gaga/Alejandro'), (8.5, "Glee Cast/
Jessie's Girl"), (9.0, 'Dr Dog/Fate'), (9, "Todd Snider/Don't Tempt
Me")]

>>> computeNearestNeighbor("Lady Gaga/Alejandro", music)

[(5, 'Heartless Bastards/Out at Sea'), (5.5, 'Mike Posner'), (6, 'La
Roux/Bulletproof'), (6, 'Phoenix/Lisztomania'), (7.5, "Glee Cast/
Jessie's Girl"), (8, 'Black Eyed Peas/Rock That Body'), (9, "Todd
Snider/Don't Tempt Me"), (9.5, 'The Black Keys/Magic Potion'), (10.0,
'Dr Dog/Fate')]
```

Lady Gaga 的那个推荐结果特别糟糕。

一个取值范围的问题

假设想往集合中增加一个特征,这次要增加的特征是每分钟的节拍数(beats per minute,简称 bpm)。这个特征是有意义的,我可能喜欢快歌或慢歌。现在的数据集如下:

	Piano	Vocals	Driving beat	Blues infl.	Dirty elec. Guitar	Backup vocals	Rap infl.	bpm
Dr. Dog/ Fate	2.5	4	3.5	3	5	4	1	140
Phoenix/ Lisztomania	2	5	5	3	2	1	1	110
Heartless Bastards / Out at Sea	1	5	4	2	4	1	1	130
The Black Keys/ Magic Potion	1	4	5	3.5	5	1	1	88
Glee Cast/ Jessie's Girl	1	5	3.5	3	4	5	1	120
Bad Plus/ Smells like Teen Spirit	5	1	2	1	1	1	1	90

如果没有 bpm 特征的话,与 The Black Keys 的 *Magic Potion* 最近的是 Heartless Bastards 的 *Out at Sea*,最远的是 Bad Plus 的 *Smells Like Teen Spirit*。但是,加入 bpm 特征之后,整个距离计算函数就被破坏了,bpm 主导了整个计算过程。现在 Bad Plus 的歌与 The Black Keys 的歌最近,这只是简单地因为两首歌的 bmp 差不多。

考虑另一个例子,假设有个约会网站,我有个怪异的想法就是认为男女相配的最佳属性就是薪水和年龄。

这里年龄的取值范围在 25 到 53 之间,最大差距为 28,而薪水则在 43000 到 115000 之间,最大差距为 72000。由于两个属性的取值范围差异这么大,因此对于任何距离计算方法而言,薪水都占据主导地位。如果我们仔细看一下的话,可能会推荐 David 给 Yun,这是因为他俩年龄一样,薪水也差不多。但是,如果采用前面介绍的任意一个距离计算方法的话,53 岁的 Brain 会被推荐给 Yun。这看起来对于我们这个新推出的网站可不是什么好事。

gals		
name	age	salary
Yun L	35	75,000
Allie C	52	55,000
Daniela C	27	45,000
Rita A	37	115,000

guys		
name	age	salary
Brian A	53	70,000
Abdullah K	25	105,000
David A	35	69,000
Michael W	48	43,000

实际上，这种不同属性取值范围的差异对任意推荐系统来说都是个大问题。哎呀！！！

归一化

无须恐慌，

放松。

解决办法就是归一化（normalization）！

为了消除数据的偏斜性，我们必须要对数据标准化（standardization）或者说归一化（normalization）。一个常用的归一化方法会将每个特征的值转换为 0 到 1 之间。

嘘，我正在做归一化

例如，考虑前面约会那个例子的薪水属性。最低薪水为 43000 而最高薪水为 115000，最大值最小值之间的差异达到 72000。为了将每个值都转换为 0 到 1 之间，我们将每个值减去最小值然后除以区间差异值。

gals		
name	salary	normalized salary
Yun L	75,000	0.444
Allie C	55,000	0.167
Daniela C	45,000	0.028
Rita A	115,000	1.0

于是，对 Yun 归一化之后的值为：

(75000−43000)/72000=0.444

这种比较粗糙的方法可能在某些数据集上很有效，当然这取决于数据集本身。

如果你上过统计课，你可能会熟悉更精确的标准化数据的做法。例如，可以采用一种称为标准分数（Standard Score）的计算方法，该方法的计算如下。

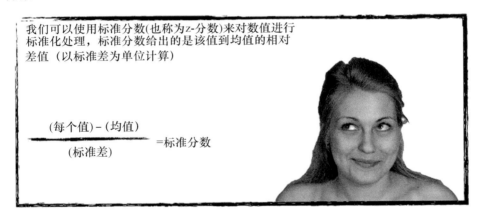

标准差（Standard Deviation）的定义为：

$$sd = \sqrt{\frac{\sum_i (x_i - \overline{x})^2}{card(x)}}$$

其中，card(x) 表示 x 的基数值，即 x 的取值个数。

> 顺便说一下，如果你已经忘了统计并且喜欢漫画的话，一定要阅读 Shin Takahashi 写的一本好书 *The Manga Guide to Statistics*。

考虑几页前有关约会的那个例子。

name	salary
Yun L	75,000
Allie C	55,000
Daniela C	45,000
Rita A	115,000
Brian A	70,000
Abdullah K	105,000
David A	69,000
Michael W	43,000

所有薪水的总和是 577000，由于有 8 个人，其均值为 72125。

而标准差为

$$sd = \sqrt{\frac{\sum_i (x_i - \bar{x})^2}{card(x)}}$$

于是有：

$$\sqrt{\frac{\overbrace{(75,000-72,125)^2}^{\text{Yun 的薪水}} + \overbrace{(55,000-72,125)^2}^{\text{Allie 的薪水}} + \overbrace{(45,000-72,125)^2}^{\text{Daniela 的薪水}} + \ldots}{8}}$$
等等

$$= \sqrt{\frac{8,265,625 + 293,265,625 + 735,765,625 + \ldots}{8}} = \sqrt{602,395,375}$$
$$= 24,543.01$$

而标准分数的计算公式为：

$$\frac{（每个值）-（均值）}{（标准差）} = 标准分数$$

于是，Yun 薪水的标准分数为：

$$\frac{75000 - 72125}{24543.01} = \frac{2875}{24543.01} = 0.117$$

习题

请计算下列人员薪水的标准分数。

name	salary	Standard Score
Yun L	75,000	0.117
Allie C	55,000	
Daniela C	45,000	
Rita A	115,000	

习题——解答

请计算下列人员薪水的标准分数。

name	salary	Standard Score
Yun L	75,000	0.117
Allie C	55,000	-0.698
Daniela C	45,000	-1.105
Rita A	115,000	1.747

Allie:
(55,000 − 72,125) / 24,543.01
= −0.698

Daniela:
(45,000 − 72,125) / 24,543.01
= −1.105

Rita:
(115,000 − 72,125) / 24,543.01
= 1.747

使用标准分数的问题

使用标准分数的问题在于其会受到离群点的剧烈影响。例如，如果 100 个 LargeMart 的雇员每小时的薪水是 10 美元，而 CEO 的薪水是 600 万美元一年，那么平均一小时的薪水为：

(100×$10 + 6,000,000 / (40×52)) / 101

= (1000 + 2885) / 101 = $38/hr.

从上面数字看，LargeMart 的平均工资还不错。但是正如你看到的那样，此时的均值受到离群点的剧烈影响。

由于均值存在上述问题，所以往往会对标准分数的公式进行改进。

改进的标准分数

为计算改进的标准分数，将原来标准分数计算公式中的均值替换为中位数(处于中间位置的那个值)，并将标准差替换为一种被称为绝对标准差的量：

$$asd = \frac{1}{card(x)}\sum_{i}|x_i - \mu|$$

其中 μ 为中位数。

为计算中位数，要将所有值从小到大排列并选择中间位置的值。如果所有值的数目为偶数，则中位数为中间两个值的平均值。

$$\frac{(每个值)-(中位数)}{(绝对标准差)} = 改进的标准分数$$

好了，下面尝试一下。右边的表格中我已经将薪水从低到高进行了排列。由于薪水的数目为偶数，因此中位数为中间两个值的平均值：

Name	Salary
Michael W	43,000
Daniela C	45,000
Allie C	55,000
David A	69,000
Brian A	70,000
Yun L	75,000
Abdullah K	105,000
Rita A	115,000

$$中位数 = \frac{(69000+7000)}{2} = 69500$$

绝对标准差为

$$asd = \frac{1}{card(x)} \sum_i |x_i - \mu|$$

$$asd = \frac{1}{8}(|43,000 - 69,500| + |45,000 - 69,500| + |55,000 - 69,500| + ...)$$

$$= \frac{1}{8}(26,500 + 24,500 + 14,500 + 500 + ...)$$

$$= \frac{1}{8}(153,000) = 19,125$$

下面计算 Yun 的改进的标准分数（mss）：

$$\frac{(每个值)-(中位数)}{(绝对标准差)} \qquad mss = \frac{(75,000 - 69,500)}{19,125} = \frac{5,500}{19,125} = 0.2876$$

习题

下表给出了我播放不同歌曲的次数，请使用改进的标准分数来对这些数据进行标准化。

track	play count	modified standard score
Power/Marcus Miller	21	
I Breathe In, I Breathe Out/ Chris Cagle	15	
Blessed / Jill Scott	12	
Europa/Santana	3	
Santa Fe/ Beirut	7	

> **习题——解答**
>
> 上表给出了我播放不同歌曲的次数，请使用改进的标准分数来对这些数据进行标准化。
>
> **第 1 步：计算中位数**
>
> 将上述值排序得到（3,7,12,15,21），选择中间位置上的值 12。中位数 μ 为 12。
>
> **第 2 步：计算绝对标准差**
>
> $$asd = \frac{1}{5}(|3-12|+|7-12|+|12-12|+|15-12|+|21-12|)$$
> $$= \frac{1}{5}(9+5+0+3+9) = \frac{1}{5}(26) = 5.2$$
>
> **第 3 步：计算改进的标准分数**
>
> Power / Marcus Miller: (21 − 12) / 5.2 = 9/5.2 = 1.7307692
>
> I Breathe In, I Breathe Out / Chris Cagle: (15 − 12) / 5.2 = 3/5.2 = 0.5769231
>
> Blessed / Jill Scott: (12 − 12) / 5.2 = 0
>
> Europa / Santana: (3 − 12) / 5.2 = −9 / 5.2 = −1.7307692
>
> Santa Fe / Beirut: (7 − 12) / 5.2 = − 5 / 5.2 = −0.961538

归一化 vs. 不归一化

当特征的尺度（即不同维度上的尺度）差异很大时，归一化是有意义的。在本章前面有关音乐的那个例子中，很多特征的取值在 1 到 5 之间，而 bpm 却可以从 60 取到 180。在约会的例子中，年龄和薪水的尺度也很不匹配。

假设有一天我发了大财在 New Mexico 地区的 Santa Fe 看房子。左边的表格给出了近期

asking price	bedrooms	bathrooms	sq. ft.
$1,045,000	2	2.0	1,860
$1,895,000	3	4.0	2,907
$3,300,000	6	7.0	10,180
$6,800,000	5	6.0	8,653
$2,250,000	3	2.0	1,030

市场上的房子情况。

这里我们会再次碰到数据的取值范围（尺度）问题。

由于一个特征的尺度（这里是询价）比其他特征大很多，因此它在任意距离计算中都会占主导地位。这样的话，两个甚至 20 个卧室对于两个房子间的距离计算都不会造成太多影响。

在如下情况下应该进行归一化处理：

1. 所用数据挖掘方法基于特征的值来计算两个对象的距离；
2. 不同特征的尺度不同（特别是有显著不同的情况，如上述例子中的询价和卧室数目）。

考虑一个人只对某个新闻网站的报道点赞或点差。下面给出了一个代表用户评级的二值（1 表示点赞，0 表示点差）列表：

Bill = {0, 0, 0, 1, 1, 1, 1, 0, 1, 0 … }

很显然这里无须对数据进行归一化处理。对于 Pandora 的例子应该如何处理？所有的变量都在 1 到 5 之间取值。我们是否应该进行归一化？如果进行归一化的话，可能不会损害算法的精确率（Accuracy，测试集中样本被算法正确判断的比例），但是必须要记住的是，如果进行归一化的话会涉及计算的开销。这种情况下，我们可能会对原始数据及归一化后的数据进行经验性的对比，选择更好的方法。本章后面我们会看到一个归一化处理降低精确率的例子。

回到 Pandora

在 Pandora 的那个例子中，每首歌都基于一系列属性来表示。如果用户为 Green Day 构建了一个电台，那么我们要确定基于最近邻方法应该播放哪些歌曲。Pandora 允许用户对某首具体的歌曲点赞或点差。如何利用一首具体歌曲的点赞和点差信息？

假设我使用 dirty guitar 的数量以及是否存在 driving beat 这两个属性来表示歌曲，这两个属性的取值都在 1 到 5 之间。某个用户为 5 首歌点了赞表示他喜欢这 5 首歌（在下图中标识为"L"），同时为 5 首歌点了差表示他不喜欢它们（标识为"D"）。

那么，你认为右图中的"?"到底是喜欢还是不喜欢？

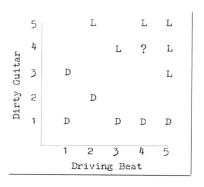

我猜想你可能会说他喜欢这首歌。之所以这样说是因为图中的"?"更接近很多"L"而不是"D"。本章其余部分来介绍这种思路的计算方法。最明显的做法是寻找"?"的最近邻并预期其与该最近邻共享标签。"?"的最近邻为 L，因此"?"代表的是用户喜欢。

最近邻分类器的 Python 代码

下面使用前面用过的样例数据，包含 10 首歌在 7 个属性的评分（基于 piano, vocals, driving beat, blues influence, dirty electric guitar, backup vocals, rap influence 等属性的数值）。

	Piano	Vocals	Driving beat	Blues infl.	Dirty elec. Guitar	Backup vocals	Rap infl.
Dr. Dog/ Fate	2.5	4	3.5	3	5	4	1
Phoenix/ Lisztomania	2	5	5	3	2	1	1
Heartless Bastards / Out at Sea	1	5	4	2	4	1	1
Todd Snider/ Don't Tempt Me	4	5	4	4	1	5	1
The Black Keys/ Magic Potion	1	4	5	3.5	5	1	1
Glee Cast/ Jessie's Girl	1	5	3.5	3	4	5	1
Black Eyed Peas/ Rock that Body	2	5	5	1	2	2	4
La Roux/ Bulletproof	5	5	4	2	1	1	1
Mike Posner/ Cooler than me	2.5	4	4	1	1	1	1
Lady Gaga/ Alejandro	1	5	3	2	1	2	1

本章前面我们曾经为此数据提供了 Python 的表示：

```
music = {"Dr Dog/Fate": {"piano": 2.5, "vocals": 4, "beat": 3.5,
                         "blues": 3, "guitar": 5, "backup vocals": 4,
                         "rap": 1},
         "Phoenix/Lisztomania": {"piano": 2, "vocals": 5, "beat": 5,
                                 "blues": 3, "guitar": 2,
                                 "backup vocals": 1, "rap": 1},
         "Heartless Bastards/Out at Sea": {"piano": 1, "vocals": 5,
                                           "beat": 4, "blues": 2,
                                           "guitar": 4,
                                           "backup vocals": 1,
                                           "rap": 1},
         "Todd Snider/Don't Tempt Me": {"piano": 4, "vocals": 5,
                                        "beat": 4, "blues": 4,
                                        "guitar": 1,
                                        "backup vocals": 5, "rap": 1},
```

这里，字符串 piano, vocals, beat, blues, guitar, backup vocals 和 rap 出现了多次，如果有 100000 首歌的话，那么这些字符串会出现 100000 次。接下来将从表示中去掉这些字符串而仅仅使用向量：

```
#
#   the item vector represents the attributes: piano, vocals,
#   beat, blues, guitar, backup vocals, rap
#
items = {"Dr Dog/Fate": [2.5, 4, 3.5, 3, 5, 4, 1],
         "Phoenix/Lisztomania": [2, 5, 5, 3, 2, 1, 1],
         "Heartless Bastards/Out at Sea": [1, 5, 4, 2, 4, 1, 1],
         "Todd Snider/Don't Tempt Me": [4, 5, 4, 4, 1, 5, 1],
         "The Black Keys/Magic Potion": [1, 4, 5, 3.5, 5, 1, 1],
         "Glee Cast/Jessie's Girl": [1, 5, 3.5, 3, 4, 5, 1],
         "La Roux/Bulletproof": [5, 5, 4, 2, 1, 1, 1],
         "Mike Posner": [2.5, 4, 4, 1, 1, 1, 1],
         "Black Eyed Peas/Rock That Body": [2, 5, 5, 1, 2, 2, 4],
         "Lady Gaga/Alejandro": [1, 5, 3, 2, 1, 2, 1]}
```

除了将歌曲属性表示成向量之外，还需要对用户的点赞/点差信息进行表示。由于每个用户不对所有歌曲进行评分（数据稀疏问题），我将利用字典方法中的字典：

```
users = {"Angelica": {"Dr Dog/Fate": "L", "Phoenix/Lisztomania": "L",
                      "Heartless Bastards/Out at Sea": "D",
                      "Todd Snider/Don't Tempt Me": "D",
                      "The Black Keys/Magic Potion": "D",
                      "Glee Cast/Jessie's Girl": "L",
                      "La Roux/Bulletproof": "D",
```

```
                    "Mike Posner": "D",
                    "Black Eyed Peas/Rock That Body": "D",
                    "Lady Gaga/Alejandro": "L"},
         "Bill":    {"Dr Dog/Fate": "L", "Phoenix/Lisztomania": "L",
                    "Heartless Bastards/Out at Sea": "L",
                    "Todd Snider/Don't Tempt Me": "D",
                    "The Black Keys/Magic Potion": "L",
                    "Glee Cast/Jessie's Girl": "D",
                    "La Roux/Bulletproof": "D", "Mike Posner": "D",
                    "Black Eyed Peas/Rock That Body": "D",
                    "Lady Gaga/Alejandro": "D"}                }
```

在线性代数中,向量是一个既有大小也有方向的量。
向量上定义了很多运算,包括向量加、减和纯量乘法。

在数据挖掘中,向量只是一系列数值的列表,这些数值分别表示对象的各个属性。前面我们将一首歌的属性表示成一系列数值表。另一个例子是将文本文档表示成向量,向量的每个位置表示一个具体词,向量的每个分量表示当前词在文本中出现的次数。

此外,用"向量"代替"属性列表"显得很酷!

一旦这样定义属性,就可以对它们进行向量运算(来自线性代数)。

这里我将点赞表示成'L'而将点差表示成'D'，这是一种随意的做法，你也可以选择 0 和 1 来分别表示喜欢和不喜欢。

为使用新的向量形式来表示歌曲，我需要对曼哈顿距离以及 computeNearestNeighbor 函数进行修改。

```python
def manhattan(vector1, vector2):
    """Computes the Manhattan distance."""
    distance = 0
    total = 0
    n = len(vector1)
    for i in range(n):
        distance += abs(vector1[i] - vector2[i])
    return distance
def computeNearestNeighbor(itemName, itemVector, items):
    """creates a sorted list of items based on their distance to item"""
    distances = []
    for otherItem in items:
        if otherItem != itemName:
            distance = manhattan(itemVector, items[otherItem])
            distances.append((distance, otherItem))
    # sort based on distance -- closest first
    distances.sort()
    return distances
```

最后，我需要创建一个分类函数。我希望预测一个特定用户如何对某个表示为 itemName 和 itemVector 的对象评分。例如：

"Chris Cagle/ I Breathe In. I Breathe Out" [1, 5, 2.5, 1, 1, 5, 1]

注意，为了更好地规整下面的 Python 代码，我将使用字符串 Cagle 来表示歌手/歌曲对。

函数要做的第一件事就是寻找 Chris Cagle 的最近邻。然后看看用户对该最近邻的评分情况并预测用户也会这样对 Chris Cagle 评分。下面给出了一个初步的 classify 函数。

```python
def classify(user, itemName, itemVector):
    """Classify the itemName based on user ratings
    Should really have items and users as parameters"""
    # first find nearest neighbor
    nearest = computeNearestNeighbor(itemName, itemVector, items)[0][1]
    rating = users[user][nearest]
    return rating
```

好了，我们尝试一下。我想知道 Angelica 是否会喜欢 Chris Cagle 的 I Breathe In, I

Breathe Out。

```
classify('Angelica', 'Cagle', [1, 5, 2.5, 1, 1, 5, 1])
"L"
```

我们预计她会喜欢这首歌曲！为什么得到这个预测结果？

```
computeNearestNeighbor('Angelica', 'Cagle', [1, 5, 2.5, 1, 1, 5, 1])

[(4.5, 'Lady Gaga/Alejandro'), (6.0, "Glee Cast/Jessie's Girl"), (7.5,
"Todd Snider/Don't Tempt Me"), (8.0, 'Mike Posner'), (9.5, 'Heartless
Bastards/Out at Sea'), (10.5, 'Black Eyed Peas/Rock That Body'), (10.5,
'Dr Dog/Fate'), (10.5, 'La Roux/Bulletproof'), (10.5, 'Phoenix/
Lisztomania'), (14.0, 'The Black Keys/Magic Potion')]
```

我们预计 Angelica 会喜欢 Chris Cagle 的 *I Breathe In, I Breathe Out*，这是因为该歌曲的最近邻为 Lady Gaga 的 *Alejandro*，而 Angelica 喜欢后者。

这里做完的一件事就是构建一个分类器，这种情况下，我们的任务就是将歌曲分到两个组（喜欢/不喜欢）的一个当中去。

注意! 我们刚刚构建了一个分类器！！

分类器是一个利用对象属性判定对象属于哪个组或类别的程序！

分类器使用一个已经标注好类别的对象集合。它利用这个集合来对新的未标注对象分类。因此，在我们的例子中，我们知道 Angelica 喜欢（标记为"喜欢"）和不喜欢的歌。我们想预测 Angelica 是否喜欢 Chris Cagle 的歌。

我喜欢Phoenix、Lady Gaga和Dr. Dog，但是我不喜欢The Black Keys和Mike Posner！

首先，我们发现Angelica评过分的一首歌与Chris Cagle十分相似，这首歌是Lady Gaga的*Alejandro*。

接下来，我们检查Angelica是否喜欢*Alejandro*，结果发现她喜欢它。因此我们预测Angelica也喜欢Chris Cagle的歌曲*I Breathe In, I Breathe Out*。

分类器可以用于很多应用，下面给出了其中的一些。

Twitter 情感分类

很多人研究推文的情感分类（观点是褒或贬）。该任务有很多用途。比如，如果 Axe 发布了一款新的腋下除臭剂，他们可以了解人们到底是喜欢还是不喜欢这款产品。这里的特征是推文中的词。

照片中的人物自动识别

现在有一些应用可以识别并标记你照片中的朋友们。同样的技术也用于识别公共摄像头监控下街道中行走的人。具体技术可能有些差异，但是有些技术会使用诸如人的眼睛、鼻子、下巴所在的相对位置等信息。

> **为定位政治广告分类**
>
> 这也称为微目标定位（microtargeting）。人们分成诸如"Barn Raisers"、"Inner Compass"和"Hearth Keepers"等类别。例如，Hearth Keepers 关注自己的家庭，不与其他人交往。

> **定向市场营销**
>
> 与政治上的微目标定位类似，与通过大型广告活动来出售拉斯维加斯时权豪华酒店不同的是，我能否只识别针对这一目标的可能的顾客和市场？
>
> 甚至再好一点，我能识别可能顾客的子集然后将广告发给这些特定的子集。

> **健康及量化自我**
>
> 目前是量化自我运动大爆发的开始。现在我们可以购买诸如无线健康跟踪器（Fitbit）、耐克手环（Nike Fuelband）等简单设备。Intel 以及其他一些公司正致力于智能家庭的建设，在这种家庭中，家里的地板可以称体重、记录活动轨迹并在出现异常情况时报警。专家预测，几年之后我们将佩戴微型计算补丁（compu-patch），它们能够对大量因素进行实时监测并即时分类。

> **上述类似的分类例子是无穷的**
>
> - 将人们分成恐怖分子和非恐怖分子。
> - 邮件自动分类（这封邮件看上去十分重要，而那封只是常规邮件，还有一封像是垃圾邮件）。
> - 预测临床医疗的结果。
> - 识别金融欺诈（如信用卡欺诈）。

体育项目的识别

为让读者对后续章节的内容有所了解，先给出一个相对于前面的例子更简单一些的例子，即只根据身高体重判断多个体育项目世界级女运动员所从事的体育项目。下面给出了从多个 Web 数据源中抽取出的一个小规模数据样例。

姓　　名	体育项目	年　龄	身　高	体　重
Asuka Teramoto	体操	16	54	66
Brittainey Raven	篮球	22	72	162
Chen Nan	篮球	30	78	204
Gabby Douglas	体操	16	49	90
Helalia Johannes	田径	32	65	99
Irina Miketenko	田径	40	63	106
Jennifer Lacy	篮球	27	75	175
Kara Goucher	田径	34	67	123
Linlin Deng	体操	16	54	68
Nakia Sanford	篮球	34	76	200
Nikki Blue	篮球	26	68	163
Qiushuang Huang	体操	20	61	95
Rebecca Tunney	体操	16	58	77
Rene Kalmer	田径	32	70	108
Shanna Crossley	篮球	26	70	155
Shavonte Zellous	篮球	24	70	155
Tatyana Petrova	田径	29	63	108
Tiki Gelana	田径	25	65	106
Valeria Straneo	田径	36	66	97
Viktoria Komova	体操	17	61	76

上表中体操运动员的数据给出了参加 2012 年和 2008 年奥运会的一些著名选手的信息，篮球运动员的数据来自 WNBA 的参赛队伍，而田径明星则来自 2012 年奥运会马拉松的优胜者。我得承认这个例子微不足道，但是可以将我们学到的一些技术应用于此。

你可以看到，上表中也给出了年龄信息。只需要稍微扫一遍数据就会发现，年龄本身就是一个还不错的预测因子。接下来试着预测下图中的运动员所从事的项目。

Candace Parker; Age 26

McKayla Maroney; Age 16

Lisa Jane Weightman; Age 34

Olivera Jevtić; Age 35

解答

Candace Parker 为 WNBA 的 Los Angeles Sparks 队及俄罗斯 UMMC 的 Ekaterinburg 队效力。McKayla Maroney 是美国女子体操队的一员,获得了一枚金牌和一枚银牌。Olivera Jevtić 是一名塞尔维亚长跑运动员,她参加了 2008 年和 2012 年的奥运会。Lisa Jane Weightman 是一名澳大利亚长跑运动员,也参加了 2008 年和 2012 年的奥运会。

刚才做的事情就是分类,你基于对象的属性预测出它的类别(上例中,根据运动员的单个属性即年龄预测出其从事的运动项目)。

思考题

假设想通过运动员的身高和体重来预测其从事的项目。现在的数据集极小，只包含两个人。一个是 WNBA Phoenix Mercury 队的中锋 Nakia Sanford，身高 6 英尺 4 英寸，体重 200 磅。另一个是英国橄榄球队的前锋 Sarah Beale，身高 5 英尺 10 英寸，体重 190 磅。基于该数据集，我想判断 Catherine Spencer（身高为 5 英尺 10 英寸，体重 200 磅）到底是篮球还是橄榄球运动员。你的答案是什么呢？

如果你的答案是橄榄球，那么是对的。Catherine Spencer 实际上是英国橄榄球队的前锋。但是，如果我们的预测是基于类似曼哈顿距离的计算公式的话，那么可能就会猜错。Catherine 和篮球运动员 Nakia 的曼哈顿距离为 6（她们体重一样，身高差 6 英寸），而 Catherine 和橄榄球运动员 Sarah 的曼哈顿距离为 10（她们身高相同，而体重相差 10 磅）。于是，我们会从中选择距离更近的那个人 Nakia，即认为 Catherine 与 Nakia 从事的项目相同。

为了获得更精确的分类效果，从上面的例子中我们能学到一些什么呢？

思考题-续

我们可以使用改进的标准分数进行计算！

$$\frac{（每个值）-（中位数）}{（绝对标准差）}$$

测试数据

我们从上述数据中去掉年龄因子。下面给出的是一些需要预测的运动员。

姓　　名	体育项目	身　　高	体　　重
Crystal Langhorne		74	190
Li Shanshan		64	101
Kerri Strug		57	87
Jaycie Phelps		60	97
Kelly Miller		70	140
Zhu Xiaolin		67	123
Lindsay Whalen		69	169
Koko Tsurumi		55	75
Paula Radcliffe		68	120
Erin Thorn		69	144

下面构建一个分类器！

Python 编程

这里不将数据直接写到 Python 代码中，而是将数据放到两个文件 athletesTrainingSet.txt

和 athletesTestSet.txt 当中。

下面将使用文件 athletesTrainingSet.txt 来构建分类器。而文件 athletesTestSet.txt 中的数据将用于评估分类器。换句话说，测试集中的每条记录将使用训练集中的所有记录来分类。

> 数据文件及 Python 代码都可以从本书网站 guidetodatamining.com 上获得。

这些文件的格式如下所示：

AsukaTeramoto	Gymnastics	54	66
Brittainey Raven	Basketball	72	162
Chen Nan	Basketball	78	204
Gabby Douglas	Gymnastics	49	90

每行代表了一个对象，其不同属性的取值通过制表键（Tab）分开。分类器将使用人的身高和体重来预测其从事的体育项目。因此，最后两列给出的是将要在分类器中使用的数值型属性，而第二列代表的是对象所属的类别。分类器没有使用运动员的姓名信息，我不会根据姓名来预测运动员从事的项目，也不会从其他属性来预测运动员的姓名。

嗨，你看上去……身高大约5英尺11英寸，体重大约150磅。我打赌你的名字是Clara Coleman。

但是，保留运动员的姓名对于给用户解释分类器可能会很有用："我们认为 Amelia Pond 是个体操运动员，这是因为她与体操运动员 Gabby Douglas 的身高体重很接近。"

正如我前面所说的一样，下面写的 Python 代码并不仅仅适用于某个特定的例子（比如，只适用于运动员分类的例子）。为实现这一目标，我会在运动员训练文件中增加一行来描述每列的作用。下面给出了该文件的前面几行：

comment	class	num	num
Asuka Teramoto	Gymnastics	54	66
Brittainey Raven	Basketball	72	162

任意标识为"comment"的列会被分类器所忽略，标为"class"的列标识对象的类别，标为"num"则表示对象是数值型属性。

思考题

你认为应该如何在 Python 中表示上述数据？下面给出了若干可能的表示方法（读者自己也可以给出自己的表示方法）。

字典表示：

```
{'Asuka Termoto': ('Gymnastics', [54, 66]),
 'Brittainey Raven': ('Basketball', [72, 162]), ...
```

列表中嵌套列表：

```
[['Asuka Termoto', 'Gymnastics', 54, 66],
 ['Brittainey Raven', 'Basketball', 72, 162], ...
```

元组列表：

```
[('Gymnastics', [54, 66], ['Asuka Termoto']),
 ('Basketball', [72, 162], ['Brittainey Raven']),...
```

思考题——解答

字典表示：

```
{'Asuka Termoto': ('Gymnastics', [54, 66]),
 'Brittainey Raven': ('Basketball', [72, 162]), ...
```

这不是一种好的做法。字典中的键是运动员的姓名，而该信息甚至在分类器中根本不

> 会使用。
>
> 列表中嵌套列表：
>
> ```
> [['Asuka Termoto', 'Gymnastics', 54, 66],
>  ['Brittainey Raven', 'Basketball', 72, 162], ...
> ```
>
> 这种做法还行。它是输入文件的映像，由于近邻算法需要在对象列表上迭代，列表的做法是很有意义的。
>
> 元组列表：
>
> ```
> [('Gymnastics', [54, 66], ['Asuka Termoto']),
>  ('Basketball', [72, 162], ['Brittainey Raven']),...
> ```
>
> 相较于上一种表示方法，我更喜欢这一种表示方法，因为它将属性分开到列表中，并将类别（class）、属性（attribute）和注释（comment）精确分开。这里的 comment（本例当中是姓名）也设成一个列表，这是因为可能有多个列都是 comment。

我的 Python 代码读入文件并将其转换为如下格式：

```
[('Gymnastics', [54, 66], ['Asuka Termoto']),
 ('Basketball', [72, 162], ['Brittainey Raven']),...
```

代码如下所示：

```python
class Classifier:

    def __init__(self, filename):

        self.medianAndDeviation = []

        # reading the data in from the file
        f = open(filename)
        lines = f.readlines()
        f.close()
        self.format = lines[0].strip().split('\t')
        self.data = []
        for line in lines[1:]:
            fields = line.strip().split('\t')
            ignore = []
            vector = []
            for i in range(len(fields)):
```

```
            if self.format[i] == 'num':
                vector.append(int(fields[i]))
            elif self.format[i] == 'comment':
                ignore.append(fields[i])
            elif self.format[i] == 'class':
                classification = fields[i]
        self.data.append((classification, vector, ignore))
```

编程题

在利用改进标准分数对数据进行标准化之前，需要实现从数值列表中计算中位数和绝对标准差的方法：

```
>>> heights = [54, 72, 78, 49, 65, 63, 75, 67, 54]
>>> median = classifier.getMedian(heights)
>>> median
65
>>> asd = classifier.getAbsoluteStandardDeviation(heights, median)
>>> asd
8.0
```

读者能否实现上述方法？

下载模板 testMedianAndASD.py 编写并测试这些 guidetodatamining.com 上的方法。

有关 Assertion Error，请看下一节。

Assertion 错误及 Assert 语句

问题解答的每个部分都会分成一段实现代码加上一段测试代码，这一点十分重要。实际上，在写实现代码之前写测试代码是一个很好的做法。前面我提供的代码模板中包含了一个称为 unitTest 的测试函数。下面给出了只包含一个测试过程的函数简化版：

```
def unitTest():
    list1 = [54, 72, 78, 49, 65, 63, 75, 67, 54]
    classifier = Classifier('athletesTrainingSet.txt')
    m1 = classifier.getMedian(list1)
    assert(round(m1, 3) == 65)
    print("getMedian and getAbsoluteStandardDeviation work correctly")
```

你完成的 getMedian 函数一开始看上去如下：

```
def getMedian(self, alist):
        """return median of alist"""

        """TO BE DONE"""
        return 0
```

因此一开始，getMedian 对于任何列表都会返回 0 作为中位数，可以完善 getMedian 函数以便返回正确值。在 unitTest 过程中，在列表

[54, 72, 78, 49, 65, 63, 75, 67, 54]

上调用 getMedian，unitTest 中的 assert 语句表明 getMedian 返回的结果应该等于 65，如果该断言确实成立的话，代码会执行到下一行，即打印出

getMedian and getAbsoluteStandardDeviation work correctly

如果上述断言不成立，程序就会报错退出：

File "testMedianAndASD.py", line 78, in unitTest
    assert(round(m1, 3) == 65)

AssertionError

如果读者从本书网站下载代码并不做任何修改的话，就会显示这个错误。一旦正确实现了 getMedian 和 getAbsoluteStandardDeviation，那么上述错误就会消失。

在软件开发中，将 assert 语句用于软件组件测试的做法是一个常用的技术。

> 产品的每一部分分成一段实现代码加上一段对实现代码的测试代码，这一点十分重要。如果没有这样的测试，就不知道什么时候才算结束，不会知道结果是否正确，也就不会知道将来的任何改动是否会带来崩溃性的影响。

——Peter Norvig

解答

这里给出了算法的一种实现代码:

```python
def getMedian(self, alist):
    """return median of alist"""
    if alist == []:
        return []
    blist = sorted(alist)
    length = len(alist)
    if length % 2 == 1:
        # length of list is odd so return middle element
        return blist[int(((length + 1) / 2) -  1)]
    else:
        # length of list is even so compute midpoint
        v1 = blist[int(length / 2)]
        v2 =blist[(int(length / 2) - 1)]
        return (v1 + v2) / 2.0


def getAbsoluteStandardDeviation(self, alist, median):
    """given alist and median return absolute standard deviation"""
    sum = 0
    for item in alist:
        sum += abs(item - median)
    return sum / len(alist)
```

你会看到，getMedian 首先会对列表进行排序然后再找出中位数。由于这里处理的数据量不大，因此这种方法是行得通的。如果想对代码进行优化的话，可以将该方式替换为一个选择算法。

现在，数据已经从文件 athletesTrainingSet.txt 中读入并且以如下格式存在分类器的列表数据中：

```
[('Gymnastics', [54, 66], ['Asuka Teramoto']),
 ('Basketball', [72, 162], ['Brittainey Raven']),
 ('Basketball', [78, 204], ['Chen Nan']),
 ('Gymnastics', [49, 90], ['Gabby Douglas']), ...
```

下面对向量进行归一化处理，以便分类器中的上述列表数据包含归一化的值。例如：

```
[('Gymnastics', [-1.93277, -1.21842], ['Asuka Teramoto']),
 ('Basketball', [1.09243, 1.63447], ['Brittainey Raven']),
 ('Basketball', [2.10084, 2.88261], ['Chen Nan']),
 ('Gymnastics', [-2.77311, -0.50520], ['Gabby Douglas']),
 ('Track', [-0.08403, -0.23774], ['Helalia Johannes']),
 ('Track', [-0.42017, -0.02972], ['Irina Miketenko']),
```

为此，将如下几行代码加到 init 方法中：

```
# get length of instance vector
self.vlen = len(self.data[0][1])
# now normalize the data
for i in range(self.vlen):
    self.normalizeColumn(i)
```

在 for 循环中，我们想对数据按列进行归一化处理。因此，循环中首先对身高列进行归一化处理，然后对体重列进行归一化处理。

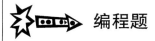 **编程题**

请写出 normalizeColumn 方法的实现代码。

从 guidetodatamining.com 下载模板 normalizeColumnTemplate.py 并测试该方法。

解答

这里给出了 normalizeColumn 方法的一种实现：

```
def normalizeColumn(self, columnNumber):
    """given a column number, normalize that column in self.data"""
    # first extract values to list
    col = [v[1][columnNumber] for v in self.data]
    median = self.getMedian(col)
    asd = self.getAbsoluteStandardDeviation(col, median)
    #print("Median: %f     ASD = %f" % (median, asd))
    self.medianAndDeviation.append((median, asd))
    for v in self.data:
        v[1][columnNumber] = (v[1][columnNumber] - median) / asd
```

你会看到，我也把中位数和绝对标准差存到 medianAndDeviation 列表中，这些信息会在使用分类器对新实例进行分类时用到。例如，假设想预测 Kelly Miller（身高 5 英尺 10 英寸，体重 170 磅）所从事的项目，第一步是将她的身高和体重信息转换为改进的标准分数。也就是说，原始的属性向量为[70,140]。

对训练数据进行处理之后，meanAndDeviation 的值为：

[(65.5, 5.95), (107.0, 33.65)]

这意味着向量的第一列的中位数为 65.5，绝对标准差为 5.95，而第二列的中位数为 107，绝对标准差为 33.65。

利用上述信息可以将原始向量[70,140]转换为由改进标准分数构成的向量。第一个属性的计算过程如下：

$$mss = \frac{x_i - \tilde{x}}{asd} = \frac{70 - 65.5}{5.95} = \frac{4.5}{5.95} = 0.7563$$

而第二个属性的计算过程如下：

$$mss = \frac{x_i - \tilde{x}}{asd} = \frac{140 - 107}{33.65} = \frac{33}{33.65} = 0.98068$$

实现上述过程的 Python 代码如下：

```
def normalizeVector(self, v):
    """We have stored the median and asd for each column.
    We now use them to normalize vector v"""
    vector = list(v)
    for i in range(len(vector)):
        (median, asd) = self.medianAndDeviation[i]
        vector[i] = (vector[i] - median) / asd
    return vector
```

最后一段需要编写的代码是新实例的类别预测。在当前的例子中，即预测运动员所从事的项目。为确定身高 5 英尺 11 英寸、体重 170 磅的 Kelly Miller 所从事的项目，调用

```
classifier.classify([70, 170])
```

在我的代码中，classify 仅仅是 nearestNeighbor 的一个包装(wrapper)方法：

```
def classify(self, itemVector):
    """Return class we think item Vector is in"""
    return(self.nearestNeighbor(self.normalizeVector(itemVector))[1][0])
```

> **编程题**
>
> 写出 nearestNeighbor 方法的实现代码（我的解答中，还实现了一个额外的方法 manhattanDistance）。
>
> 同样，请从 guidetodatamining.com 下载模板 ClassifyTemplate.py 并测试该方法。

解答

nearestNeighbor 方法的实现代码其实非常短。

```
def manhattan(self, vector1, vector2):
    """Computes the Manhattan distance."""
    return sum(map(lambda v1, v2: abs(v1 - v2), vector1, vector2))


def nearestNeighbor(self, itemVector):
    """return nearest neighbor to itemVector"""
    return min([ (self.manhattan(itemVector, item[1]), item)
                 for item in self.data])
```

就是它了

大概 200 行 Python 代码我们就实现了一个近邻分类器。

在本书网站下载的完整代码当中，还包含一个 test 函数，其参数为一个训练文件的名字和一个测试文件的名字，然后输出分类器的性能。在我们的运动员数据上，该分类器的结果性能如下：

```
>>> test("athletesTrainingSet.txt", "athletesTestSet.txt")
-       Track       Aly Raisman         Gymnastics   62    115
+       Basketball  Crystal Langhorne   Basketball   74    190
+       Basketball  Diana Taurasi       Basketball   72    163
<snip>
-       Track       Hannah Whelan       Gymnastics   63    117
+       Gymnastics  Jaycie Phelps       Gymnastics   60    97
80.00% correct
```

你会看到，该分类器的精确率为 80%。它在预测篮球运动方面表现完美，但是在田径和体操项目之间犯了 4 个错误。

Iris 数据集

我也在 Iris 数据集上对上述简单的分类器进行了测试。该数据集在 20 世纪 30 年代为 Ronald Fisher 爵士所使用。Iris 数据集包含 3 类鸢尾花品种（山鸢尾——Iris Setosa，维吉尼亚鸢尾——Iris Virginica 和变色鸢尾——Iris Versicolor），每类品种有 50 个样本。数据集中包含鸢尾花花萼（花蕾的绿色覆盖物）和花瓣两个部分的测量结果。

> Fisher 爵士是一个杰出人物。他对统计学进行了彻底革新，Richard Dawkins 称之为达尔文以后最伟大的生物学家。

> 本书中的所有数据集都可以从本书网站 guidetodatamining.com 获取。这可以让你下载数据并进行算法实验。数据的归一化到底是提高还是降低精确率？更多训练数据是否会提高结果？如果切换为欧氏距离结果会怎样？
>
> 记住：任意学习过程都在你的而不是我的头脑中发生。你与本书的资料交互越多，你学到的也越多。

Iris 数据集大致如下（物种是分类器预测的目标）：

花萼长度	花萼宽度	花瓣长度	花瓣宽度	物种
5.1	3.5	1.4	0.2	I.setosa（山鸢尾）
4.9	3.0	1.4	0.2	I.setosa（山鸢尾）

训练集中有 120 个实例，测试集中有 30 个实例（测试集的所有实例都不会在训练集中出现）。

那么我们的分类器在该数据集上的效果如何？

```
>>> test('irisTrainingSet.data', 'irisTestSet.data')

93.33% correct
```

在分类器如此简单的情况下，得到了相当不错的结果。有趣的是，如果不对数据进行归一化处理，分类器会取得 100%的精确率。在下一章中我们会深入探讨数据的归一化问题。

汽车 MPG 数据

最后，我们对另一个使用广泛的汽车 MPG（Auto Miles Per Gallon）数据集加以修改，然后在它上面测试分类器。该数据来自卡内基梅隆大学，最初用于 1983 年度的美国统计协会展会（American Statistical Association Exposition）上。该数据的格式如下：

mpg（每加仑英里数）	气缸数	压燃式发动机	功率	重量	百公里加速（秒）	型号
30	4	68	49	1867	19.5	fiat 128
45	4	90	28	2085	21.7	vw rabbit (diesel)
20	8	307	130	3504	12	Chevrolet chevelle malibu

在上述数据的一个修改版本中，我们期望利用气缸数、排量、功率、重量等属性来预测 mpg 的类别，其中 mpg 的取值为离散集合（10,15,20,25,30,35,40,45）。

训练集中有 342 个实例，测试集中有 50 个实例。如果只是随机预测 mpg 的话，精确率为 12.5%。

```
>>> test('mpgTrainingSet.txt', 'mpgTestSet.txt')
56.00% correct
```

如果不进行归一化处理的话，精确率为 32%。

如何提高分类器的预测精确率？
如果改进分类算法会不会有所帮助？
增大训练数据又会如何？
还是增加更多属性？
关于这些问题的回答，请阅读第 5 章！

杂谈

注意归一化

在本章中，我们讨论了数据归一化的重要性，特别是当属性的取值范围相差太大的情况下（如收入和年龄）更是如此。为获得更精确的距离计算方法，我们要对这些属性的取值范围进行处理，以便使它们处于同一尺度范围。

大部分数据挖掘人员会使用"normalization"来定义上述过程，而有些人会区分"normalization"和"standardization"。对于他们来说，normalization 意味着将数值归入 0 到 1 之间。而 standardization 却是指将某个属性处理完之后，使平均值（均值或者中位数）为 0，而其他值是到此平均值的偏差值（标准差或绝对标准差）。对于后一类数据挖掘者而言，标准分数和改进的标准分数是"standardization"的一个特例。

回想一下，一种将属性变换为 0 到 1 之间的做法是找出属性的最小值（min）和最大值（max）。某个取值（value）的归一化值如下：

$$\frac{value - \min}{\max - \min}$$

于是，可以将这种归一化方法得到的分类结果精确率和采用改进标准分数方法取得的结果进行比较。

编程题

修改我们的分类器代码,以便使用前面的属性归一化公式(即通过最大最小值来计算)。

可以在 3 个数据集上测试该分类器的精确率:

数据集	分类器		
	不使用归一化	使用前面的归一化做法	使用改进标准分数进行归一化
Athletes	80.00%	?	80.00%
Iris	100.00%	?	93.33%
MPG	32.00%	?	56.00%

编程题——解答

我的结果如下:

数据集	分类器		
	不使用归一化	使用前面的归一化做法	使用改进标准分数进行归一化
Athletes	80.00%	60.00%	80.00%
Iris	100.00%	83.33%	93.33%
MPG	32.00%	36.00%	56.00%

嗯,与使用改进标准分数归一化的方法相比,这里的结果令人失望。

在数据集上尝试不同的方法十分有趣。我从 UCI 机器学习语料库(archive.ics.uci.edu/ml)上获得了 Iris 和 MPG 数据。我鼓励你也去那里下载一两份数据,将这些数据转换为匹配的数据格式,然后看看分类器的性能如何。

第 5 章
Chapter 5

分类的进一步探讨——算法评估及 kNN

回到上一章中关于运动员的例子。在那个例子中我们构建了一个分类器，输入为运动员的身高、体重，输出为其从事的体育项目——体操、田径或篮球。

因此，左图的 Marissa Coleman 身高 6 英尺 1 英寸，体重 160 磅。我们的分类器能够将她正确判断为篮球运动员：

```
>>> cl = Classifier('athletesTrainingSet.txt')
>>> cl.classify([73, 160])
'Basketball'
```

而另一个身高 4 英尺 9 英寸体重 90 磅的人可能是体操运动员：

```
>>> cl.classify([59, 90])
'Gymnastics'
```

一旦构建了分类器，我们就可能有兴趣回答类似下述的问题：

怎样才能回答上述问题呢？

训练集和测试集

前一章的最后部分中，我们使用了 3 个不同的数据集：女子运动员数据集、Iris 数据集以及汽车 MPG 数据集。我们把每个数据集分成两个子集，一个用于构建分类器，该数据集称为训练集（training set）。另一个数据集用于评估分类器，该数据集称为测试集（test set）。训练集和测试集是数据挖掘中的常用术语。

数据挖掘领域的人永远不会在用于训练系统的数据上进行测试！

下面以近邻算法为例来解释为什么不能使用训练数据来测试。如果上述例子中的篮球运动员 Marissa Coleman 在训练数据中存在，那么身高 6 英尺 1 英寸体重 160 磅的她就会与自己最近。因此，如果对近邻算法进行评估时，若测试集是训练数据的子集，那么精确率总是接近于 100%。更一般地，在评估任意数据挖掘算法时，如果测试集是训练数据的子集，那么结果就会十分乐观并且过度乐观。因此，这种做法看起来并不好。

那么上一章使用的方法如何？我们将数据集分成两部分。较大的那部分用于训练，较小的那部分用于评估。事实表明这种做法也存在问题。在进行数据划分时可能会极端不走运。例如，所有测试集中的篮球运动员都比较矮（像 Debbie Black 的身高只有 5 英尺 3 英寸，体重只有 124 磅），他们会被分成马拉松运动员。而测试集中所有的田径运动员就像 Tatyana Petrova（俄罗斯马拉松运动员，身高 5 英尺 3 英寸，体重 108 磅）一样较矮、体重较轻，可能会被分成体操运动员。如果测试集像上面一样，分类器的精确率会很差。另一方面，有时候测试集的选择又会十分幸运。测试集中的每个人都有所从事项目的标准身高和体重，此时分类器精确率接近 100%。两种情况下，精确率都依赖于单个的测试集，并且该测试集可能并不能反映分类器应用于新数据的真实精确率。

上述问题的一种解决方法是重复多次上述过程并对结果求平均。例如，我们可以将数据分成两半：Part 1 和 Part 2。

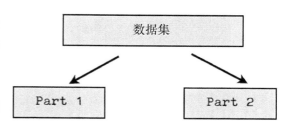

我们可以使用 Part 1 的数据来训练分类器，而利用 Part 2 的数据对分类器进行测试。然后，我们重复上述过程，这次用 Part 2 训练而用 Part 1 测试。最后我们将两次的结果进行平均。但是，这种方法的问题在于我们每次只使用了一半数据进行训练。然而，我们可以通过增加划分的份数来解决这个问题。例如，我们可以将数据划分成 3 部分，每次利用 2/3 的数据训练而在其余 1/3 的数据上进行测试。因此，整个过程看起来如下：

第一次迭代　使用 Part 1 和 Part 2 训练，使用 Part 3 测试
第二次迭代　使用 Part 1 和 Part 3 训练，使用 Part 2 测试
第三次迭代　使用 Part 2 和 Part 3 训练，使用 Part 1 测试

对上述结果求平均。

在数据挖掘中，最常用的划分数目是 10，这种方法称为……

10 折交叉验证（10-fold Cross Validation）

使用这种方法，我们将数据集随机分成 10 份，使用其中 9 份进行训练而将另外 1 份用作测试。该过程可以重复 10 次，每次使用的测试数据不同。

考察一个例子。假设我想构建一个分类器，该分类器对于问题"Is this person a professional basketball player?"只回答 Yes 或 No。我们的数据由 500 名篮球运动员和 500 名非篮球运动

员组成。

10 折交叉验证的例子

第 1 步，将数据等分到 10 个桶中。

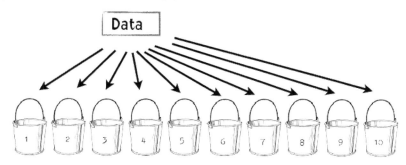

我们会将 50 名篮球运动员和 50 名非篮球运动员分到每个桶中。每个桶当中放入了 100 人的信息。

第 2 步，下列步骤重复 10 次。

（1）每一次迭代中留存其中一个桶。第一次迭代中留存桶 1，第二次留存桶 2，其余依此类推。

（2）用其他 9 个桶的信息训练分类器（第一次迭代中利用从桶 2 到桶 10 的信息训练分类器）。

（3）利用留存的数据来测试分类器并保存测试结果。在上例中，这些结果可能如下：

　　35 个篮球运动员被正确分类；

　　29 个非篮球运动员被正确分类。

第 3 步，对上述结果汇总。

通常情况下我们会将结果放到与下表类似的表格中：

	分成篮球运动员	分成非篮球运动员
实际为篮球运动员	372	128
实际为非篮球运动员	220	280

在所有 500 名篮球运动员中，有 372 人被正确分类。可能需要做的一件事是将右下角的数字也加上去，也就是说 1000 人当中有 652（372+280）人被正确分类。因此得到的精确率为 65.2%。与 2 折或 3 折交叉验证相比，基于 10 折交叉验证得到的结果可能更接近于分类器的真实性能。之所以这样，是因为每次采用 90% 而不是 2 折交叉验证中仅仅 50% 的数据来训练分类器。

嗯，我有个想法。如果 10 折交叉验证之所以好只是因为采用了 90% 数据的话，那么为什么不用 n 折交叉验证(n 是数据集中样本的数目)？
例如，如果数据集中包含 1000 个样本，我们可以在 999 个样本上训练分类器然后在另外一个样本上测试分类器，上述过程可以重复 1000 次。利用这种最大可能的交叉验证次数，可能会得到更精确的分类器。

留一法（Leave-One-Out）

在机器学习领域，n 折交叉验证（n 是数据集中样本的数目）被称为留一法。我们已经提到，留一法的一个优点是每次迭代中都使用了最大可能数目的样本来训练。另一个优点是该方法具有确定性。

确定性的含义

假设 Lucy 集中花费了 80 个小时来编写一个新分类器的代码。现在是周五，她已经筋疲力尽，于是她请她的两个同事（Emily 和 Li）在周末对分类器进行评估。她将分类器和相同的数据集交给每个人，请她们做 10 折交叉验证。周一，她问两人的结果……

嗯，她们得到了不同的结果。她们俩可能是谁犯错了吗？未必如此。在 10 折交叉验证中，我们随机将数据分到桶中。由于随机因素的存在，有可能 Emily 和 Li 的数据划分结果并不完全一致。实际上，她们划分一致的可能性微乎其微。因此，她们在训练分类器时，所用的训练数据并不一致，而在测试时所用的数据也不完全一致。因此，她们得到不同的结果是很符合逻辑的。该结果与是否由两个不同的人进行评估毫无关系。即使 Lucy 自己进行两次 10 折交叉验证，她得到的结果也会有些不同。之所以不同的原因在于将数据划分到桶这个过程具有随机性。由于 10 折交叉验证不能保证每次得到相同的结果，因此它是一种非确定性的方法。与此相反，留一法是确定性的。每次应用留一法到同一分类器及同一数据上，得到的结果都一样。这是件好事！

留一法的缺点

留一法的主要不足在于计算的开销很大。考虑一个包含 1000 个实例的中等规模的数据集，需要一分钟来训练分类器。对于 10 折交叉验证来说，我们将花费 10 分钟用于训练。而对于留一法来说，训练时间需要 16 个小时。如果数据集包含百万样本，那么花费在训练上的总时间将接近两年。我的天哪！

第 5 章 分类的进一步探讨——算法评估及 kNN

两年后我会给你报告！

留一法的另一个缺点与分层采样（stratification）有关。

分层采样（Stratification）

回到上一章的例子，即构建分类器来确定女运动员所从事的体育项目（篮球、体操或田径）。当训练分类器时，我们希望训练数据能够具有代表性，并且包含所有 3 类的数据。假设采用完全随机的方式将数据分配到训练集，则有可能训练集中不包含任何篮球运动员，正因为如此，最终的分类器对篮球运动员分类时效果不佳。或者，考虑构建一个 100 个运动员的数据集。首先我们去 WNBA 的网站获得 33 个女子篮球运动员的信息，然后去维基百科网站获得 33 名参加 2012 年奥运会的女子体操运动员的信息，最后我们再次去维基百科网站获得 34 名参加奥运会田径项目的女运动员的信息。因此，最终我们的数据如下所示：

33 个女篮队员

33 个女体操队员

34 个女马拉松运动员

下面开始做 10 折交叉验证。我们从上表的第一行开始，每 10 个人放入一个桶。于是，第一个桶和第二个桶没有任何篮球运动员。第三个桶既有篮球运动员也有体操运动员。第四、第五个桶只包含体操运动员,其余桶的情况可以依此类推。任何一个桶都不能代表整个数据集,你认为上述划分会导致有偏差的结果,这种想法是对的。我们期望的方法是将实例按照其在整个数据集的相同比例分到各个桶中,即桶中的类别比例(篮球运动员、体操运动员、马拉松运动员)和整个数据集中的类别比例是一样的。由于整个数据集的 1/3 是篮球运动员,因此每个桶中应该包含 1/3 的篮球运动员。同样,该桶中也应包含 1/3 的体操运动员和 1/3 的马拉松运动员。上述做法称为分层采样,是一种好的方法。留一法评估的问题在于测试集中只有一个样本,因此它肯定不是分层采样的结果。总而言之,留一法可能适用于非常小的数据集,到目前为止 10 折交叉测试是最流行的选择。

混淆矩阵

到目前为止,通过计算下列精确率百分比,我们对分类器进行评估:

$$\frac{\text{正确分类的测试样本数目}}{\text{总测试样本数目}}$$

有时,我们可能希望得到分类器算法的更详细的性能。能够详细揭示性能的一种可视化方法是引入一个称为混淆矩阵(confusion matrix)的表格。混淆矩阵的行代表测试样本的真实类别,而列代表分类器所预测出的类别。

它之所以名为混淆矩阵,是因为很容易通过这个矩阵看清楚算法产生混淆的地方。下面以女运动员分类为例来展示这个矩阵。假设我们有一个由 100 名女子体操运动员、100 名 WNBA 篮球运动员及 100 名女子马拉松运动员的属性构成的数据集。我们利用 10 折交叉验证法对分类器进行评估。在 10 折交叉测试中,每个实例正好只被测试过一次。上述测试的结果可能如下面的混淆矩阵所示:

	体操运动员	篮球运动员	马拉松运动员
体操运动员	83	0	17
篮球运动员	0	92	8
马拉松运动员	9	16	75

同前面一样,每一行代表实例实际属于的类别,每一列代表的是分类器预测的类别。因此,上述表格表明,有83个体操运动员被正确分类,但是却有17个被错分为马拉松运动员。92个篮球运动员被正确分类,但是却有8个被错分为马拉松运动员。75名马拉松运动员被正确分类,但是却有9个人被错分为体操运动员,还有16个人被错分为篮球运动员。

混淆矩阵的对角线给出了正确分类的实例数目。

	体操运动员	篮球运动员	马拉松运动员
体操运动员	83	0	17
篮球运动员	0	92	8
马拉松运动员	9	16	75

上述表格中,算法的精确率为:

$$\frac{83+92+75}{300} = \frac{250}{300} = 83.33\%$$

通过观察上述矩阵很容易了解分类器的错误类型。在本例当中,分类器在区分体操运动员和篮球运动员上表现得相当不错,而有时体操运动员和篮球运动员却会被误判为马拉松运动员,马拉松运动员有时被误判为体操运动员或篮球运动员。

混淆矩阵并不那么令人混淆!

一个编程的例子

回到上一章当中提到的来自卡内基梅隆大学的汽车 MPG 数据集，该数据集的格式如下：

mpg	cylinders	c.i.	HP	weight	secs. 0-60	make/model
30	4	68	49	1867	19.5	fiat 128
45	4	90	48	2085	21.7	vw rabbit (diesel)
20	8	307	130	3504	12	chevrolet chevelle malibu

下面试图基于气缸的数目、排水量（立方英寸）、功率、重量和加速时间预测汽车的 MPG。我将所有 392 个实例放到 mpgData.txt 文件中，然后编写了如下的短 Python 程序，该程序利用分层采样方法将数据分到 10 个桶中（数据集及 Python 代码都可以从网站 guidetodatamining.com 下载）。

```python
import random
def buckets(filename, bucketName, separator, classColumn):
    """the original data is in the file named filename
    bucketName is the prefix for all the bucket names
    separator is the character that divides the columns
    (for ex., a tab or comma and classColumn is the column
    that indicates the class"""
    
    # put the data in 10 buckets
    numberOfBuckets = 10
    data = {}
    # first read in the data and divide by category
    with open(filename) as f:
        lines = f.readlines()
    for line in lines:
        if separator != '\t':
            line = line.replace(separator, '\t')
        # first get the category
        category = line.split()[classColumn]
        data.setdefault(category, [])
        data[category].append(line)
    # initialize the buckets
    buckets = []
    for i in range(numberOfBuckets):
        buckets.append([])
    # now for each category put the data into the buckets
    for k in data.keys():
```

```
            #randomize order of instances for each class
            random.shuffle(data[k])
            bNum = 0
            # divide into buckets
            for item in data[k]:
                buckets[bNum].append(item)
                bNum = (bNum + 1) % numberOfBuckets
    # write to file
    for bNum in range(numberOfBuckets):
        f = open("%s-%02i" % (bucketName, bNum + 1), 'w')
        for item in buckets[bNum]:
            f.write(item)
        f.close()

buckets("mpgData.txt", 'mpgData','\t',0)
```

执行上述代码会产生 10 个分别为 mpgData01、mpgData02... mpgData10 的文件。

编程题

能否修改上一章中近邻算法的代码，以使 test 函数能够在刚刚构建的 10 个文件上进行 10 折交叉验证（该数据集可以从网站 guidetodatamining.com 下载）？

你的程序应该输出类似如下矩阵的混淆矩阵：

		predicted MPG						
		10	15	20	25	30	35	40	45
ac-tual MPG	10	3	10	0	0	0	0	0	0
	15	3	68	14	1	0	0	0	0
	20	0	14	66	9	5	1	1	0
	25	0	1	14	35	21	6	1	1
	30	0	1	3	17	21	14	5	2
	35	0	0	2	8	9	14	4	1
	40	0	0	1	0	5	5	0	0
	45	0	0	0	2	1	1	0	2

53.316% accurate
total of 392 instances

编程题——解答

该解答只涉及如下方面：

- 修改 initializer 方法以便从 9 个桶中读取数据；
- 加入一个新的方法对一个桶中的数据进行测试；
- 加入一个新的过程来执行 10 折交叉验证过程。

下面依次来考察上述修改。

initializer 方法的签名看起来如下：

```
def __init__(self, bucketPrefix, testBucketNumber, dataFormat):
```

每个桶的文件名类似于 mpgData-01、mpgData-02，等等。这种情况下，bucketPrefix 将是 "mpgData"，而 testBucketNumber 是包含测试数据的桶。如果 testBucketNumber 为 3，则分类器将会在桶 1、2、4、5、6、7、8、9、10 上进行训练。dataFormat 是一个如何解释数据中每列的字符串，比如：

```
"class    num    num    num    num    num    comment"
```

它表示第一列代表实例的类别，下面 5 列代表实例的数值型属性，最后一列会被看成注释。

新的初始化方法的完整代码如下：

```
class Classifier:
    def __init__(self, bucketPrefix, testBucketNumber, dataFormat):
        """ a classifier will be built from files with the bucketPrefix
        excluding the file with textBucketNumber. dataFormat is a
        string that describes how to interpret each line of the data
        files. For example, for the mpg data the format is:
        "class    num    num    num    num    num    comment"
        """

        self.medianAndDeviation = []
```

```python
        # reading the data in from the file
        self.format = dataFormat.strip().split('\t')
        self.data = []
        # for each of the buckets numbered 1 through 10:
        for i in range(1, 11):
            # if it is not the bucket we should ignore, read the data
            if i != testBucketNumber:
                filename = "%s-%02i" % (bucketPrefix, i)
                f = open(filename)
                lines = f.readlines()
                f.close()
                for line in lines[1:]:
                    fields = line.strip().split('\t')
                    ignore = []
                    vector = []
                    for i in range(len(fields)):
                        if self.format[i] == 'num':
                            vector.append(float(fields[i]))
                        elif self.format[i] == 'comment':
                            ignore.append(fields[i])
                        elif self.format[i] == 'class':
                            classification = fields[i]
                    self.data.append((classification, vector, ignore))
        self.rawData = list(self.data)
        # get length of instance vector
        self.vlen = len(self.data[0][1])
        # now normalize the data
        for i in range(self.vlen):
            self.normalizeColumn(i)
```

testBucket 方法

下面编写一个新的方法来测试一个桶中的数据。

```python
def testBucket(self, bucketPrefix, bucketNumber):
    """Evaluate the classifier with data from the file
    bucketPrefix-bucketNumber"""

    filename = "%s-%02i" % (bucketPrefix, bucketNumber)
    f = open(filename)
    lines = f.readlines()
    totals = {}
    f.close()
    for line in lines:
        data = line.strip().split('\t')
        vector = []
        classInColumn = -1
```

```python
        for i in range(len(self.format)):
            if self.format[i] == 'num':
                vector.append(float(data[i]))
            elif self.format[i] == 'class':
                classInColumn = i
        theRealClass = data[classInColumn]
        classifiedAs = self.classify(vector)
        totals.setdefault(theRealClass, {})
        totals[theRealClass].setdefault(classifiedAs, 0)
        totals[theRealClass][classifiedAs] += 1
    return totals
```

它以 bucketPrefix 和 bucketNumber 为输入，如果前者为"mpgData"、后者为 3 的话，测试数据将会从文件 mpgData-03 中读取，而 testBucket 将会返回如下格式的字典：

```
{'35':   {'35': 1, '20': 1, '30': 1},
 '40':   {'30': 1},
 '30':   {'35': 3, '30': 1, '45': 1, '25': 1},
 '15':   {'20': 3, '15': 4, '10': 1},
 '10':   {'15': 1},
 '20':   {'15': 2, '20': 4, '30': 2, '25': 1},
 '25':   {'30': 5, '25': 3}}
```

字典的键代表的是实例的真实类别。例如，上面第一行表示真实类别为 35mpg 的实例的结果。每个键的值是另一部字典，该字典代表分类器对实例进行分类的结果。例如行

```
'15':   {'20': 3, '15': 4, '10': 1},
```

表示实际为 15mpg 的 3 个实例被错分到 20mpg 类别中，而有 4 个实例被正确分到 15mpg 中，1 个实例被错分到 10mpg 中。

10 折交叉验证的执行流程

最后，我们需要编写一个过程来实现 10 折交叉验证。也就是说，我们要构造 10 个分类器。每个分类器利用 9 个桶中的数据进行训练，而将其余数据用于测试。

```python
def tenfold(bucketPrefix, dataFormat):
    results = {}
    for i in range(1, 11):
        c = Classifier(bucketPrefix, i, dataFormat)
        t = c.testBucket(bucketPrefix, i)
        for (key, value) in t.items():
            results.setdefault(key, {})
            for (ckey, cvalue) in value.items():
                results[key].setdefault(ckey, 0)
```

```python
            results[key][ckey] += cvalue
    # now print results
    categories = list(results.keys())
    categories.sort()
    print(   "\n       Classified as: ")
    header =    "    "
    subheader = "  +"
    for category in categories:
        header += category + "   "
        subheader += "----+"
    print (header)
    print (subheader)
    total = 0.0
    correct = 0.0
    for category in categories:
        row = category + "  |"
        for c2 in categories:
            if c2 in results[category]:
                count = results[category][c2]
            else:
                count = 0
            row += " %2i |" % count
            total += count
            if c2 == category:
                correct += count
        print(row)
    print(subheader)
    print("\n%5.3f percent correct" %((correct * 100) / total))
    print("total of %i instances" % total)

tenfold("mpgData", "class     num    num    num    num    num    comment")
```

运行上述程序会产生如下结果：

```
          Classified as:
           10   15   20   25   30   35   40   45
         +----+----+----+----+----+----+----+----+
     10  |  3 | 10 |  0 |  0 |  0 |  0 |  0 |  0 |
     15  |  3 | 68 | 14 |  1 |  0 |  0 |  0 |  0 |
     20  |  0 | 14 | 66 |  9 |  5 |  1 |  1 |  0 |
     25  |  0 |  1 | 14 | 35 | 21 |  6 |  1 |  1 |
     30  |  0 |  1 |  3 | 17 | 21 | 14 |  5 |  2 |
     35  |  0 |  0 |  2 |  8 |  9 | 14 |  4 |  1 |
     40  |  0 |  0 |  1 |  0 |  5 |  5 |  0 |  0 |
     45  |  0 |  0 |  0 |  2 |  1 |  1 |  0 |  2 |
         +----+----+----+----+----+----+----+----+

   53.316 percent correct
   total of 392 instances
```

Kappa 统计量

本章一开始提到一些我们可能对分类器感兴趣的问题,其中包括"分类器到底好到什么程度"。我们已经对评估方法进行了改善,并且考察了 10 折交叉验证和混淆矩阵。前几页的例子中,我们也算出分类器预测汽车 MPG 的精确率为 53.316%。但是,53.316%意味着分类器到底是好还是坏?为回答这个问题,我们将继续考察一个统计量,即 Kappa 统计量。

Kappa 统计量比较的是分类器与仅仅基于随机的分类器的性能。为展示其中的原理,我将引入一个比 MPG 更简单的例子,即再次回到女运动员那个例子。下面给出了女运动员分类的结果:

	体操运动员	篮球运动员	马拉松运动员	总数
体操运动员	35	5	20	60
篮球运动员	0	88	12	100
马拉松运动员	5	7	28	40
总数	40	100	60	200

上表也给出了每行和每列的总实例数目。为确定精确率,我们将对角线的数字相加(35+88+28=151)然后除以总的实例数,得到 151/200=0.755。

现在将生成另一个混淆矩阵,该矩阵代表随机分类器(进行随机预测的分类器)的分类结果。首先,生成一个只包含上述表格中总数的表格:

	体操运动员	篮球运动员	马拉松运动员	总数
体操运动员				60
篮球运动员				100
马拉松运动员				40
总数	40	100	60	200

观察最后一行，我们发现有 50%的可能会将一个实例分为"篮球运动员"（200 个实例中有 100 个），有 20%的可能会将实例分为"体操运动员"（200 个实例中有 40 个），有 30%的可能会将实例分为"马拉松运动员"。

接下来将使用这些比值将上述表格的剩余部分填满。随机分类器将会把 20%的人分为体操运动员。60 的 20%为 12，因此我们将 12 填入表格中。该分类器会将 50%的人分为篮球运动员（即 60 中的 30 人），会将 30%的人分为马拉松运动员。

分类器：

体操运动员：20%
篮球运动员：50%
马拉松运动员：30%

	体操运动员	篮球运动员	马拉松运动员	总数
体操运动员	12	30	18	60
篮球运动员				100
马拉松运动员				40
总数	40	100	60	200

接下来按照上述方法继续处理。实际有 100 个篮球运动员，随机分类器会将其中的 20%（20 人）分为体操运动员，50%分为篮球运动员，30%分为马拉松运动员。表中第四行可以依此类推，于是有：

	体操运动员	篮球运动员	马拉松运动员	总数
体操运动员	12	30	18	60
篮球运动员	20	50	30	100
马拉松运动员	8	20	12	40
总数	40	100	60	200

为确定随机分类器的精确率，我们将对角线的数字累加并除以实例总数，得到：

$$P(r) = \frac{12+50+12}{200} = \frac{74}{200} = 0.37$$

Kappa 统计量给出的是相对于随机分类器而言实际分类器到底好多少，其计算公式为：

$$\kappa = \frac{P(c) - P(r)}{1 - P(r)}$$

其中，$P(c)$ 是实际分类器的精确率，而 $P(r)$ 是随机分类器的精确率。本例中实际分类器的精确率为 0.755，而随机分类器的精确率为 0.37，因此有：

$$\kappa = \frac{0.755 - 0.37}{1 - 0.37} = \frac{0.385}{0.63} = 0.61$$

如何解释上述结果中的 0.61？这到底意味着分类器是差、好还是很好？下面给出一个帮助我们理解该统计量大小的对照表：

> 一个最常被人引用的 Kappa 统计量区间对照解释
>
> <0:　　　　　比随机方法的性能还差（less than chance performance）
>
> 0.01-0.20:　　轻微一致（slightly good）
>
> 0.21-0.40:　　一般一致（fair performance）
>
> 0.41-0.60:　　中度一致（moderate performance）
>
> 0.61-0.80:　　高度一致（substantially good performance）
>
> 0.81-1.00:　　接近完美（near perfect performance）
>
> ① Landis, JR, Koch, GG. 1977. *The measurement of observeragreement for categorical data*. Biometrics 33:159-74

习题

假设我们开发了一个傻瓜分类器，它基于大家对 10 部电影的喜好程度预测当今大学生的专业。我们的数据集由来自计算机科学、教育、英语和心理学专业的 600 名学生组成。下面给出了混淆矩阵，请计算 Kappa 统计量并对结果进行解释。

	predicted major				
	cs	ed	eng	psych	Total
cs	50	8	15	7	
ed	0	75	12	33	
eng	5	12	123	30	
psych	5	25	30	170	

该分类器的精确率为 0.697。

习题——解答

该分类器有多好？请计算 Kappa 统计量并对结果进行解释。

首先，对所有列进行求和有：

	cs	ed	eng	psych	TOTAL
SUM	60	120	180	240	600
%	10%	20%	30%	40%	100%

接下来，为随机分类器构建混淆矩阵，有：

	predicted major				
	cs	ed	eng	psych	Total
cs	8	16	24	32	80
ed	12	24	36	48	120
eng	17	34	51	68	170
psych	23	46	69	92	230
Total	60	120	180	240	600

随机分类器的精确率为：

(8 + 24 + 51 + 92) / 600 = (175 / 600) = 0.292

于是我们构建的分类器的 $P(c)$ 为 0.697，

随机分类器的 $P(r)$ 为 0.292，

Kappa 统计量为：

$$\kappa = \frac{P(c) - P(r)}{1 - P(r)}$$

$$\kappa = \frac{0.697 - 0.292}{1 - 0.292} = \frac{0.405}{0.708} = 0.572$$

这也意味着我们算法的性能较好。

近邻算法的改进

一个普通的分类器的例子是 Rote 分类器，它只记忆所有的训练集，仅当实例与训练样本精确匹配时才对实例进行分类。如果只在训练集上进行评估，那么 Rote 分类器的精确率一直是 100%。在实际中，由于有些待分类的实例不在训练集中出现，因此 Rote 分类器并不是一个好的选择。我们可以将前面介绍的近邻分类器看成是 Rote 分类器的一个扩展。与 Rote 分类器寻找精确匹配不同的是，近邻方法寻找近似的匹配。Pang Ning Tan、Michael Steinbach 和 Vipin Kumar 在他们所著的数据挖掘教材[①]中称这种做法为"如果某个东西走路像鸭子，叫起来像鸭子，看上去也像鸭子，那么它可能就是一只鸭子"。

近邻算法在遇到离群点时会发生问题。下面对此进行解释。我们再次回到女子运动员那个例子，这次只考察体操运动员和马拉松运动员。假设有一个个子特别矮、体重特别轻的马拉松运动员。该数据可以用下面的图来表示，其中 m 表示马拉松运动员，g 表示体操运动员。

---

① Introduction to Data Mining. 2005. Addison-Wesley

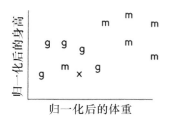

可以看到，那个个子矮、体重轻的马拉松运动员处于很多 g 中间的那个 m 上。假设 x 是待分类的实例，其最近邻是那个离群点 m，因此它被会分为马拉松运动员。如果我们仔细观察上图，我们会说 x 更像是一名体操运动员，这是因为它出现在一堆体操运动员中间。

kNN

当前的最近邻分类器的一种改进方法是考察 k 个而不只是 1 个最近的邻居（kNN）。每个邻居会进行投票，分类器会将实例分到具有最高投票数目的类别中去。例如，假设使用的是 3 个最近邻（$k=3$）。上图中会有 2 票投向体操运动员，1 票投向马拉松运动员，因此我们预计 x 是一名体操运动员。

因此当预测离散型类别（例如，马拉松运动员、体操运动员或篮球运动员）时，可以利用上述投票方法。具有最高得票的类别将被分配给实例。如果存在多个得票相同的类别，则从中随机选择最后的类别。当进行数值预测时（比如给乐队 Funky Meters 打几星），可以通过计算距离权重值来将影响分摊给多个近邻。这里稍微更深入地分析一下。假设我们想预测 Ben 喜欢 Funky Meters 乐队的程度，而 Ben 的 3 个最近邻分别是 Sally、Tara 和 Jade。下面给出了他们到 Ben 的距离以及他们对 Funky Meters 的评分结果。

用 户	距 离	评 分
Sally	5	4
Tara	10	5
Jade	15	5

因此，Sally 离 Ben 最近，她给 Funky Meters 的评分为 4。由于我希望最近用户的评分在最终评分结果中的权重大于其他近邻的评分，因此第一步就是对距离进行转换以使数值越大用户越近。一种实现的方法就是求距离的倒数（即 1 除以距离）。于是 Sally 的距离的倒数为：

$$\frac{1}{5} = 0.2$$

用 户	距 离 倒 数	评 分
Sally	0.2	4
Tara	0.1	5
Jade	0.067	5

下面将每个距离的倒数除以所有倒数之和。所有距离倒数的和为 0.2+0.1+0.067=0.367。

用 户	影 响 因 子	评 分
Sally	0.545	4
Tara	0.272	5
Jade	0.183	5

我们应该注意到两件事。第一，所有的影响因子之和为 1；第二，从原始距离来看，Sally 到 Ben 的距离是她到 Tara 的距离的两倍，而在最后的影响因子中，两倍的关系仍然保留，也就是说 Sally 的影响是 Tara 的两倍。最后，我们将每个人的影响因子乘上评分然后求和，有：

Ben 的预测评分

$= (0.545 \times 4) + (0.272 \times 5) + (0.183 \times 5)$

$= 2.18 + 1.36 + 0.915 = 4.455$

 习题

我想知道 Sofia 对爵士乐钢琴家 Hiromi 的喜欢程度，下列数据使用 k 近邻得到的预测值是多少(k=3)？

用户	到 Sofia 的距离	对 Hiromi 的评分
Gabriela	4	3
Ethan	8	3
Jayden	10	5

习题——解答

第一步是计算每个距离的倒数（1 除以距离），得到：

用　户	到 Sofia 的距离	对 Hiromi 的评分
Gabriela	1/4=0.25	3
Ethan	1/8=0.125	3
Jayden	1/10=0.1	5

距离倒数之和为 0.475。下面通过将每个距离倒数除以距离倒数之和来计算每个用户的影响因子，有：

用　户	影响因子	对 Hiromi 的评分
Gabriela	0.526	3
Ethan	0.263	3
Jayden	0.211	5

最后，将影响因子乘上评分并进行累加得到：

$= (0.526 \times 3)+(0.263 \times 3)+(0.211 \times 5)$

$= 1.578 + 0.789 + 1.055 = 3.422$

一个新数据集及挑战

现在到考察一个新数据集的时候了,该数据集是美国国立糖尿病、消化和肾脏疾病研究所(United States National Institute of Diabetes and Digestive and Kidney Diseases,简称 NIDDK)所开发的皮马印第安人糖尿病数据集(Pima Indians Diabetes Data Set)。

令人吃惊的是,有超过 30%的皮马人患有糖尿病。与此形成对照的是,美国糖尿病的患病率为 8.3%,中国为 4.2%。

数据集中的每个实例表示一个超过 21 岁的皮马女性的信息,她属于以下两类之一,即 5 年内是否患过糖尿病。每个人有 8 个属性。

> 属性:
>
> 1. 怀孕次数。
>
> 2. 2 小时口服葡萄糖耐量测试中得到的血糖浓度。
>
> 3. 舒张期血压(mm Hg)。
>
> 4. 三头肌皮脂厚度(mm)。
>
> 5. 2 小时血清胰岛素(mu U/ml)。

6. 身体质量指数（体重 kg/（身高 in m）^2）。

7. 糖尿病家系作用。

8. 年龄。

下面给出了一个数据的例子（最后一列表示类别：0 表示没有糖尿病，1 表示有糖尿病）。

2	99	52	15	94	24.6	0.637	21	0
3	83	58	31	18	34.3	0.336	25	0
5	139	80	35	160	31.6	0.361	25	1
3	170	64	37	225	34.5	0.356	30	1

因此，上例中第一位女性有过两个孩子，血糖为 99，舒张期血压为 52，等等。

编程题——第一部分

在本书网站上有个两个文件，其中 zip 文件 pimaSmall.zip 中包含 100 个实例，它们分到 10 个文件（桶）中。而 pima.zip 文件则包含 393 个实例。当使用上一章构建的近邻分类器对 pimaSmall 数据集进行 10 折交叉验证时，会得到如下结果：

```
        Classified as:
          0    1
       +----+----+
     0 | 45 | 14 |
     1 | 27 | 14 |
       +----+----+
59.000 percent correct
total of 100 instances
```

提示：Python 函数 heapq.nsmallest(n,list) 会返回最小的 n 个元素构成的列表(list)。

> 下面是你要完成的任务：
>
> 从本书网站下载分类器的代码，实现 kNN 算法。此时需要修改类中的 initializer 方法以便加入另一个参数 k：
>
> def __init__(self, bucketPrefix, testBucketNumber, dataFormat, k):
>
> 该方法的签名看起来类似于 def knn(self, itemVector)：
>
> 它应该使用 self.k（记住要在 init 方法中设置该值）并返回类别结果（在 Pima 癌症数据集上为 0 或 1），还应该修改 tenfold 过程以便将 k 传递给 initializer。

编程题——解答

我对_init__的修改十分简单：

```python
def __init__(self, bucketPrefix, testBucketNumber, dataFormat, k):
    self.k = k
    ...
```

我的 kNN 方法如下：

```python
def knn(self, itemVector):
    """returns the predicted class of itemVector using k
    Nearest Neighbors"""
    # changed from min to heapq.nsmallest to get the
    # k closest neighbors
    neighbors = heapq.nsmallest(self.k,
                        [(self.manhattan(itemVector, item[1]), item)
                         for item in self.data])
    # each neighbor gets a vote
    results = {}
    for neighbor in neighbors:
        theClass = neighbor[1][0]
        results.setdefault(theClass, 0)
        results[theClass] += 1
    resultList = sorted([(i[1], i[0]) for i in results.items()],
                        reverse=True)
    #get all the classes that have the maximum votes
    maxVotes = resultList[0][0]
    possibleAnswers = [i[1] for i in resultList if i[0] == maxVotes]
    # randomly select one of the classes that received the max votes
    answer = random.choice(possibleAnswers)
    return( answer)
```

我对 tenfold 的一点点修改如下：

```python
def tenfold(bucketPrefix, dataFormat, k):
    results = {}
    for i in range(1, 11):
        c = Classifier(bucketPrefix, i, dataFormat, k)
        ...
```

你可以从网站 guidetodatamining.com 上下载上述代码。记住，这只是该方法实现的一种做法，并不一定是最佳的做法。

> ### 编程题——第二部分
>
> 哪种做法会带来更大的不同？是使用更多的数据（比较 pimaSmall 和 pima 上的分类结果）还是采用更好的算法（比较 k=1 和 k=3 两种情况）？

> ### 编程题——结果！
>
> 下面给出的是我得到的精确率结果（k=1 时的算法就是上一章的最近邻算法）。
>
> | | pimaSmall | pima |
> | --- | --------- | ------- |
> | k=1 | 59.00% | 71.247% |
> | k=3 | 61.00% | 72.519% |
>
> 因此，看上去将数据规模提高到 3 倍所带来的精确率提高的程度高于算法带来的提高。
>
>

习题

嗯，72.519%的精确率看起来相当不错，但是到底是不是这样呢？计算 Kappa 统计量来寻找答案：

	非糖尿病	糖尿病
非糖尿病	219	44
糖尿病	66	66

Performance:
- ☐ slightly good
- ☐ fair
- ☐ moderate
- ☐ substantially good
- ☐ near perfect

习题——解答

	非糖尿病	糖尿病	总数
非糖尿病	219	44	263
糖尿病	64	66	130
合计	283	110	393
比率	0.7201	0.2799	

随机(r)分类器：

	非糖尿病	糖尿病
非糖尿病	189.39	73.61
糖尿病	93.61	36.39

精确率为：

$$p(r) = \frac{189.39 + 36.61}{393} = 0.5745$$

$$\kappa = \frac{P(c) - P(r)}{1 - P(r)} = \frac{0.72519 - 0.5745}{1 - 0.5745} = \frac{0.15069}{0.4255} = 0.35415$$

从上面可知，这只是一个性能一般的结果。

更多数据、更好的算法以及一辆破公共汽车

几年前我在墨西哥城参加一个学术会议,那次会议的会程与其他会议有点不同:第一天做报告,而第二天则是一天的游览(包括帝王蝶、印加遗迹等)。游览的那天涉及一段在公共汽车上的长途旅行,而汽车出了点故障。于是,在汽车进行检修时,一大堆博士有很多时间站在路边互相交谈。这段马路上的交流对我而言是那次会议的亮点。其中

和我交谈的一个人叫 Eric Brill,他因为开发一个称为 Brill 的词性标注器而闻名。与前几章类似的是,Brill 标注器做的也是对数据分类,此时,它将词按照词性(名词、动词等)分类。Brill 构建的算法要显著优于前人的算法(因此,Brill 在自然语言处理领域变得十分出名)。在那条墨西哥公路边,我同 Eric Brill 探讨提高算法性能的问题。他的观点是,通过获得更多训练数据带来的提高会比算法改进带来的提高要大。实际上,他感觉如果保留原始的词性标注算法并且单纯增大训练数据的规模,所带来的提高会高于新提出的算法所带来的进步。尽管如此,他也说,只是搜集更多的数据无法获得博士学位,但是通过开发出一个具有少量性能提高的算法却能实现这一点!

这里给出了另一个例子。在很多机器翻译竞赛中,Google 往往名列前茅。我们得承认 Google 拥有大量极其聪明的人在开发伟大的算法,但是 Google 之所以胜出很大部分原因应归功于其从 Web 上获得的极大规模训练集。

更多数据 ⇨ Més dades ⇨ More data

这并不是说不应该选择最佳的算法。我们已经看到,选择好的算法会带来显著的不同。但是,如果想解决一个实际问题(而不是发表学术论文),那么可能不值得花费大量时间研究和调整算法。如果集中去获取更多数据的话,你或许会得到更高的性价比或者时间上的更好回报。

在认识到数据重要性的同时，我将继续想办法引入新的算法。

> 人们将 kNN 分类器用于：
>
> Amazon 上的物品推荐
>
> 消费者信贷风险的评估
>
> 利用图像分析技术对地表分类
>
> 人脸识别
>
> 识别图像中的人物性别
>
> 推荐 Web 网页
>
> 推荐度假套餐

第 6 章
Chapter 6

概率及朴素贝叶斯——朴素贝叶斯

再次回到女运动员那个例子。假设我问你 Brittney Griner 从事的运动是什么（体操、马拉松或篮球），并且我告诉你她身高 6 英尺 8 英寸，体重 207 磅。我猜你会说是篮球，如果我问你对此猜测的信心如何，我猜你所说的可能会是"相当自信"之类的话。

现在我又问 Heather Zurich（右边给出了她的照片）从事的是什么运动。她身高 6 英尺 1 英寸，体重 176 磅。这时我就不那么确信你可能会回答什么。你可能会说是篮球，但是当我问你对此结果的信心如何时，你可能不如上一个猜测那么自信。她也有可能是个高个的马拉松运动员。

最后，我问 Yumiko Hara 所从事的运动项目是什么，她身高 5 英尺 4 英寸，体重 96 磅。假设你会回答体操，我又问你对此的信心如何，你可能会说不是特别自信之类的话。有很多马拉松运动员与她有相似的身高和体重。

利用近邻算法，很难量化分类的置信度。而基于概率的分类算法——贝叶斯算法却不仅能够分类而且能够给出分类的概率，比如这个运动员有 80% 的概率是一名篮球运动员，这个病人接下来的 5 年内有 40% 的概率会得糖尿病，未来 24 小时 Las Cruces 下雨的概率为 10%，等等。

近邻方法被称为**惰性学习器**（lazy learner）。之所以这样叫是因为当给出训练数据集时，这些分类器只是将它们保存或者说记录下来。每次对实例进行分类时，这些分类器都会遍历整个训练数据集。如果训练数据包含 100000 首歌曲的话，这些分类器会在每次对实例分类时都遍历所有 100000 首歌曲。

贝叶斯方法称为**勤快学习器**（eager learner）。给定训练集时，这些分类器会立即分析数据并构建模型。当要对某个实例进行分类时，它会使用训练得到的内部模型。勤快学习器的分类速度往往比惰性分类器的分类速度更快。

贝叶斯方法能够进行概率分类，并且是勤快学习器，这两点是贝叶斯方法的优点。

概率

假设读者有一些基本的概率知识。我抛一枚硬币，那么硬币正面朝上的可能性有多大？我抛一个六面的骰子，1 点朝上的概率有多大？诸如此类的事情还有很多。我告诉你，我随机选择了一个 19 岁的人，你不做任何研究回答是女生的概率为 50%。这些就是所谓先验概率的例子，记为 $P(h)$，即假设 h 的概率。

因此，对于硬币而言，正面朝上的概率为：

$P(heads)=0.5$

而对于六面的骰子，1 点朝上的概率为：

$P(1)=1/6$

如果 19 岁的人中男女数目相等，那么有：

$P(Female)=0.5$

假设对于那个 19 岁的人我还给出了附加信息，比如他是亚利桑那州 Frank Lloyd Wright 建筑学院的学生。你做一次快速的 Google 搜索，就会看到该学院学生中有 86% 的女生，于是该人是女性的概率为 86%。

该概率记为 $P(h|D)$，即给定某些数据 D 条件下假设 h 的概率。例如：

$P($女$|$进入 Frank Lloyd Wright 学院$)=0.86$

上述概率读成"给定为 Frank Lloyd Wright 学院学生的条件下该学生为女性的概率是 0.86"。

计算公式为：

$$P(A|B) = \frac{P(A \cap B)}{P(B)}$$

name	laptop	phone
Kate	PC	Android
Tom	PC	Android
Harry	PC	Android
Annika	Mac	iPhone
Naomi	Mac	Android
Joe	Mac	iPhone
Chakotay	Mac	iPhone
Neelix	Mac	Android
Kes	PC	iPhone
B'Elanna	Mac	iPhone

一个例子

左边表格中我列出了一些人及其他们的笔记本电脑和手机的类型：

从该表格中随机选择一个人使用 iPhone 的概率是多少？

在总共 10 个用户中有 5 个用户使用 iPhone，因此有：

$$P(iPhone) = \frac{5}{10} = 0.5$$

随机选择的一个使用 Mac 笔记本电脑的人使用 iPhone 的概率是多少？

$$P(iPhone \mid mac) = \frac{P(mac \cap iPhone)}{P(mac)}$$

首先，有 4 个人同时使用 Mac 和 iPhone，于是：

$$P(mac \cap iPhone) = \frac{4}{10} = 0.4$$

而随机选择一个人使用 Mac 的概率为：

$$P(mac) = \frac{6}{10} = 0.6$$

因此，在给定使用 Mac 的情况下使用 iPhone 的概率为：

$$P(iPhone \mid mac) = \frac{0.4}{0.6} = 0.667$$

这就是后验概率的形式化定义。有时在具体实现时，可以只使用原始的计数值进行计算：

$$P(iPhone \mid mac) = \frac{\text{同时使用mac和iPhone的人数}}{\text{使用mac的人数}}$$

$$P(iPhone \mid mac) = \frac{4}{6} = 0.667$$

习题

拥有 iPhone 的人拥有 mac 的概率

即 $P(mac \mid iPhone)$ 是多少？

> 提示：
>
> 如果读者感觉到需要对基本的概率知识进行练习的话，请参考 guidetodatamining.com 上有关的教程链接。

习题——解答

拥有 iPone 的人拥有 mac 的概率即 $P(mac|iPhone)$ 是多少？

$$P(mac|iPhone) = \frac{P(iPhone \cap mac)}{P(iPhone)}$$

$$= \frac{0.4}{0.5} = 0.8$$

一些术语

$P(h)$ 即某个假设 h 为真的概率称为 h 的先验概率（prior probability）。在有任何证据之前，一个人拥有 Mac 的概率是 0.6（这里的证据可能是知道这个人也有一部 iPhone）。

$P(h|d)$ 称为 h 的后验概率（posterior probability），即观察到数据 d 之后 h 的概率。例如，在观察到某个人拥有 iPhone 之后，这个人拥有 Mac 的概率是多少？该概率也称为条件概率（conditional probability）。

为构建一个贝叶斯分类器我们将需要另外两个概率 $P(D)$ 和 $P(D|h)$。为了解释这两个概率考虑下面两个例子。

微软购物车

你是否知道微软构建了智能购物车（Microsoft Shopping Cart）？是的，他们确实这样做了。实际上，微软与一个称为 Chaotic Moon 的公司签订了一份合同来开发该产品。Chaotic

Moon 公司的口号是："We are smarterthan you. We are more creative than you.（我们更有智能，我们更具创意）。"读者可以自己判断他们到底是太过傲慢、能忽悠或者其他。但不管如何，微软购物车结合了购物车、Windows 8 平板电脑、Kinect、蓝牙音箱（因此，该购物车可以对人说话）以及一个移动机器人平台（因此，该购物车可以在商店里跟着你）。

你进入一家商店，带着该商店的优惠卡。购物车会识别出你，它记录了你以前所有的购物行为（也同样记录了所有其他人在本店的购物行为）。

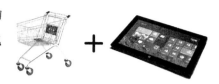

假设购物车软件想确定是否要向你显示一个日本绿茶的定向广告，而它只会在你想买茶时将该广告推送给你。

购物车系统从其他购物者身上积累了一个小规模的数据集（如下所示）。

$P(D)$ 为观察到某训练数据的概率。例如，我们知道邮政编码为 88005 的概率为 5/10 或者说 0.5。

P(88005) = 0.5

$P(D|h)$ 为给定假设条件下得到某个数据值的概率。例如，当知道用户购买绿茶条件下邮政编码为 88005 的概率，即 $P(88005|绿茶)$。

Customer ID	Zipcode	bought organic produce?	bought Sencha green tea?
1	88005	Yes	Yes
2	88001	No	No
3	88001	Yes	Yes
4	88005	No	No
5	88003	Yes	No
6	88005	No	Yes
7	88005	No	No
8	88001	No	No
9	88005	Yes	Yes
10	88003	Yes	Yes

该表中的邮政编码是美国所使用的邮政编码。

这个例子中，我们考察购买绿茶的所有实例。这样的实例有 5 个，其中 3 个实例的邮政编码为 88005。于是有：

$$P(88005 | SenchaTea) = \frac{3}{5} = 0.6$$

> ### 习题
>
> 用户不购买绿茶的情况下邮政编码为 88005 的概率是多少？

> ### 习题——解答
>
> 用户不购买绿茶的情况下邮政编码为 88005 的概率是多少？
>
> 没有购买绿茶的实例数目为 5，其中 2 人居住地的邮政编码为 88005，于是有：
>
> $P(88005 | \neg 绿茶) = \frac{2}{5} = 0.4$，其中 ¬ 表示"非"。

> ### 习题
>
> 由于上述内容是理解本章其他部分的关键，因此下面多练习练习。
>
> 1．在不知道其他信息的条件下，某个人的邮政编码为 88001 的概率是多少？
>
> 2．如果知道某个人购买了绿茶，那么他居住的地方邮政编码为 88001 的概率是多少？
>
> 3．如果知道某个人没有购买绿茶，那么他居住的地方邮政编码为 88001 的概率是多少？

> **习题——解答**
>
> 由于上述内容是理解本章其他部分的关键,因此下面多练习练习。
>
> 1. 在不知道其他信息的条件下,某个人的邮政编码为88001的概率是多少?
>
> 数据库中有10条记录,其中只有3条记录的邮政编码为88001,因此 $P(88001)=0.3$。
>
> 2. 如果知道某个人购买了绿茶,那么他居住的地方邮政编码为88001的概率是多少?
>
> 购买绿茶的记录数目为5,其中只有1条记录的邮政编码为88001,因此
>
> $$P(88001|绿茶) = \frac{1}{5} = 0.2$$
>
> 3. 如果知道某个人没有购买绿茶,那么他居住的地方邮政编码为88001的概率是多少?
>
> 有5条记录没有购买绿茶,其中2条的邮政编码为88001,因此
>
> $$P(88001|\neg 绿茶) = \frac{2}{5} = 0.4$$

贝叶斯定理

贝叶斯定理(Bayes Theorem)刻画了 $P(h)$、$P(h|D)$、$P(D)$ 和 $P(D|h)$ 之间的关系:

$$P(h|D) = \frac{P(D|h)P(h)}{P(D)}$$

贝叶斯定理是所有贝叶斯方法的基础。在数据挖掘当中我们常常使用该定律在多个可能的选择中做出决策:在给定证据的情况下,判定一个人从事的运动到底是体操、马拉松还是篮球;在给定证据的情况下,判断顾客是否会购买绿茶。为在多个选择中进行决策,我们计

算每种假设的概率。例如：

> 在智能购物车系统中，只有认为顾客可能购买绿茶时才会将绿茶的广告显示给用户。我们知道顾客居住地的邮政编码为 88005。
>
> 有两个假设需要进行对比：
>
>   该顾客会购买绿茶，计算 P（购买绿茶|88005）；
>
>   该顾客不会购买绿茶，计算 P（¬购买绿茶|88005）。
>
> 我们会从上述假设中选择概率最高的那个！
>
> 因此，如果在 P(购买绿茶 | 88005)=0.6 且 P(¬购买绿茶 | 88005)=0.4 的情况下，该顾客更有可能购买绿茶，因此我们将广告展示给他。

假设我们在一家电子商店工作，我们有 3 封电子邮件格式的销售传单。第一张传单主打的是笔记本电脑，第二张传单主打的是台式机，而最后一张传单主打的是平板电脑。基于对每个顾客的认识我们会将传单发给带来销售可能的顾客。例如，我可能知道某个顾客居住地的邮政编码是 88005、她有个大学年纪的女儿在家住以及她上瑜伽课等信息，那么我们应该将笔记本电脑、台式机还是平板电脑的传单发送给她呢？

假设 D 表示我所知道的有关顾客的所有信息：

- 居住地邮政编码为 **88005**
- 有个大学年纪的女儿
- 上瑜伽课

我的假设是哪张销售传单（笔记本、台式机还是平板电脑）最合适，于是计算：

$$P(\text{笔记本} | D) = \frac{P(D\text{笔记本})P(\text{笔记本})}{P(D)}$$

$$P(\text{台式机} | D) = \frac{P(D\text{台式机})P(\text{台式机})}{P(D)}$$

$$P(\text{平板电脑} \mid D) = \frac{P(D \mid \text{平板电脑})P(\text{平板电脑})}{P(D)}$$

并从中选出概率最大的那条假设。

更抽象地，在分类任务中有多个可能的假设：h_1，h_2，…，h_n。这些假设是我们任务中的多个类别（比如，篮球运动员、马拉松运动员、体操运动员，或者会得糖尿病、不会得糖尿病）。

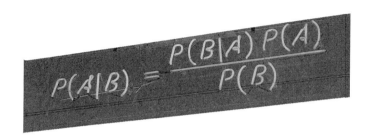

$$P(h_1 \mid D) = \frac{P(D \mid h_1)P(h_1)}{P(D)}, \quad P(h_2 \mid D) = \frac{P(D \mid h_2)P(h_2)}{P(D)}$$

$$\ldots \quad P(h_n \mid D) = \frac{P(D \mid h_n)P(h_n)}{P(D)}$$

一旦计算出所有的概率，我们会选择其中概率最大的那条假设。该假设称为最大后验假设（the maximum a posteriori hypothesis）或记为 h_{MAP}。

可以将上述计算最大后验概率的描述转换为如下公式：

$$h_{MAP} = \arg\max_{h \in H} P(h \mid D)$$

其中，H 是所有假设的集合。因此，$h \in H$ 意味着"对 H 中的每条假设"。整个公式意味着"对假设集合中的每条假设计算 $P(h \mid D)$ 并从中选出概率最大的那条假设"。利用贝叶斯定律可以将上述公式转换为：

$$h_{MAP} = \arg\max_{h \in H} \frac{P(D \mid h)P(h)}{P(D)}$$

因此，对每条假设将计算：

$$\frac{P(D|h)P(h)}{P(D)}$$

你可能会注意到，对于所有的假设而言，分母中的 $P(D)$ 都是相等的。因此，它们与假设是相互独立的。如果某条特定的假设在上述公式下具有最高的概率，那么再将它除以 $P(D)$ 仍然最大。如果我们的目标是计算具有最大概率假设的话，就可以对上述计算过程进行简化，从而计算：

$$h_{MAP} = \arg\max_{h \in H} P(D|h)P(h)$$

为明白上述机理，下面将使用 Tom M. Mitchell 的书 *Machine Learning* 中的一个例子。Tom M. Mitchell 是卡耐基梅隆大学机器学习系的主任，他是一名杰出的研究人员而且人相当不错。下面讨论其书中的一个例子。考虑在某个医疗领域中想确定病人是否患有某种特定的癌症，可以进行一个简单的血液测试（或者说血检）来帮助决策。该测试是一个二值测试，其返回的结果为 POS（阳性）或 NEG（阴性）。当患者患有该病时，测试返回正确的阳性的概率为 98%；当患者未患此病时，测试返回正确的阴性的概率为 97%。

> 我们的假设为：
> - 病人患有该癌症
> - 病人未患该癌症

习题

将上面介绍的内容转换为概率记法。请将下面左边的语言描述和右边的概率记法连接起来，并计算这些概率的值。如果某个语言描述没有对应的概率记法，那么就给出这个概率记法。

我们知道在美国只有 0.8% 的人患有这种癌症

$P(POS \mid cancer) =$ _____

$P(POS \mid \neg cancer) =$ _____

当患有该病时，测试返回正确的阳性的概率为 98%

$P(cancer) =$ _____

$P(\neg cancer) =$ _____

$P(NEG \mid cancer) =$ _____

当未患该病时，测试返回正确的阴性的概率为 97%

$P(NEG \mid \neg cancer) =$ _____

习题——解答

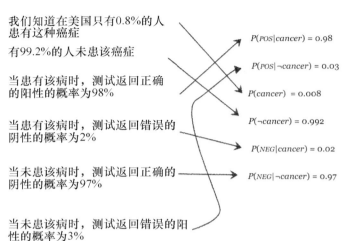

我们知道在美国只有0.8%的人患有这种癌症

有99.2%的人未患该癌症

当患有该病时，测试返回正确的阳性的概率为98%

当患有该病时，测试返回错误的阴性的概率为2%

当未患该病时，测试返回正确的阴性的概率为97%

当未患该病时，测试返回错误的阳性的概率为3%

$P(POS|cancer) = 0.98$

$P(POS|\neg cancer) = 0.03$

$P(cancer) = 0.008$

$P(\neg cancer) = 0.992$

$P(NEG|cancer) = 0.02$

$P(NEG|\neg cancer) = 0.97$

习题——解答

假设 Ann 去看医生，她进行了血液测试来检查是否患癌症，测试结果为阳性。

这看起来对 Ann 来说并不乐观，因为毕竟测试的精确率为 98%（特别地，如果患病返回阳性的可能性为 98%）。

请使用贝叶斯定理确定 Ann 得病还是没得病的可能性大。

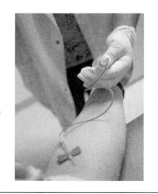

已知

$P(cancer) = 0.008$

$P(\neg cancer) = 0.992$

$P(POS|cancer) = 0.98$

$P(POS|\neg cancer) = 0.03$

$P(NEG|cancer) = 0.02$

$P(NEG|\neg cancer) = 0.97$

习题——解答

假设 Ann 去看医生，她进行了血液测试来检查是否患癌症，测试结果为阳性。

这看起来对 Ann 来说并不乐观，因为毕竟测试的精确率为 98%（特别地，如果患病返回阳性的可能性为 98%）。

请使用贝叶斯定理确定 Ann 得病还是没得病的可能性大。

下面寻找如下最大后验概率：

$P(POS | cancer)P(cancer) = 0.98(0.008) = 0.0078$

$P(POS | \neg cancer) P(\neg cancer) = 0.03(0.992) = 0.0298$

我们选择 h_{MAP} 将病人分到未得病这一类中。

如果想知道精确的概率值的话，可以将这些值进行归一化以便所有概率的和为 1：

$$P(cancer | POS) = \frac{0.0078}{0.0078 + 0.0298} = 0.21$$

于是，Ann 有 21% 的患病概率。

你可能会想："这不合乎逻辑。毕竟测试的精确率为98%，但是你却告诉我Ann很可能没有得癌症。"很多人和你半斤八两，有85%的医生也会得到错误的答案。

下面给出为什么结果与直觉相违背的原因。

很多人看到98%的患有该癌症的人都会得阳性检测结果之后，也会得到结论认为98%得到阳性结果的人会患有这种癌症。因为没有考虑到该癌症只影响0.8%的人口，所以上述结论是错误的。假设对某个城市的100万人都进行检测，于是8000人患有该癌症，而992000没有得这种病。首先，考虑对患病的8000人进行检测。我们知道对患病的人进行检测时有98%的情况检测会返回正确的阳性结果。因此，7840人会得到正确的阳性结果，而其他160人得到不正确的阴性结果。现在考虑992000未患这种癌症的人。对他们进行检测时，97%的情况下（或者说992000×0.97=962240人）会得到正确的阴性结果，而30000人得到不正确的阳性结果。对于上述结果的总结如下：

> 我并没有夸大85%的数字。关于这一点可以参看如下文献：
>
> Casscells, W., Schoenberger, A., and Grayboys, T.(1978): "Interpretation by physicians of clinical laboratory results." N Engl J Med. 299:999-1001.
>
> Gigerenzer, Gerd and Hoffrage, Ulrich (1995): "How to improve Bayesian reasoning without instruction: Frequency formats." Psychological Review. 102: 684-704.
>
> Eddy, David M. (1982): "Probabilistic reasoning in clinical medicine: Problems and opportunities." InD. Kahneman, P. Slovic, and A.Tversky, eds, Judgement under uncertainty: Heuristics and biases. Cambridge University Press, Cambridge, UK.

	阳性测试结果	阴性测试结果
患癌症的人	7840	160
没患癌症的人	30000	962240

现在，考虑 Ann，她得到了阳性测试结果，而上表中对应阳性测试结果的那一列中，有 29760 人虽然是阳性测试结果但是却没有患病，只有 7840 人真正患病。因此，看起来 Ann 可能没有患病。

> 仍然不理解？
>
> 别担心，很多人都不理解。
>
> 经过多次练习之后你会加深理解。

为什么需要贝叶斯定理

再说一次，贝叶斯定理为：

$$P(h|D) = \frac{P(D|h)P(h)}{P(D)}$$

下面回到前面介绍的购物车的例子。在那个例子中，我们从顾客身上获得了右表所示的信息。

假设我们知道某个顾客住在邮政编码为 88005 的地区，两个相互竞争的假设为"他们是否购买绿茶"，因此有：

$P(h_1 | D) = P(buySenchaTea|88005)$

与

$P(h_2 | D) = P(\neg buySenchaTea|88005)$

Customer ID	Zipcode	bought organic produce?	bought Sencha green tea?
1	88005	Yes	Yes
2	88001	No	No
3	88001	Yes	Yes
4	88005	No	No
5	88003	Yes	No
6	88005	No	Yes
7	88005	No	No
8	88001	No	No
9	88005	Yes	Yes
10	88003	Yes	Yes

在这个例子中你可能十分惊讶：本来很容易就可以从表中数据直接计算 $P(buySenchaTea|88005)$，但是却必须要计算

$$\frac{P(88005 \mid buySenchaTea)P(buySenchaTea)}{P(88005)}$$

在这个简单的例子中，你可能是对的，但是对很多实际问题来说，要直接计算 $P(h|D)$ 是很难的。

考虑前面医学检查的例子，当某个测试返回阳性结果时，我们感兴趣的是确定某人是否患有癌症。

$$P(cancer \mid POS) \approx P(POS \mid cancer)P(cancer)$$

$$P(\neg cancer \mid POS) \approx P(POS \mid \neg cancer)P(\neg cancer)$$

上式当中，右边的式子相对容易计算。可以将癌症测试用于患癌症人群的代表性样本得到 $P(POS|Cancer)$，将测试用于非患癌人群的代表性样本得到 $P(POS|\neg cancer)$。$P(cancer)$ 看上去是一个可以从政府网站获得的统计量，而 $P(\neg cancer)=1-P(cancer)$。

然而，直接计算 $P(cancer|POS)$ 具有相当的挑战性。这相当于在全体样本中的随机人群中进行测试时，要求我们确定测试结果为阳性时患有癌症的概率。为此，我们希望得到一个全体样本的代表性样本，但是由于在 1000 个人的样本集中只有 0.8%(1000×0.8% = 8)的人患有癌症，这个数目太小，以致于无法认可我们得到的数据能够代表整个样本集合。于是，我们需要极大的样本规模。因此，贝叶斯定律提供了一种直接计算 $P(h|D)$ 非常难时对它进行计算的策略。

朴素贝叶斯

大部分情况下我们会拥有更多的证据，而不只是很单薄的数据。在绿茶的例子中，我们有两类证据：一类是邮政编码，另一类是顾客是否购买了有机食品。为了计算在给定所有证据的条件下每个假设的概率，我们只是简单地将多个单人的概率相乘。在本例中：

记号及其含义：

tea=购买绿茶的人

¬*tea*=未购买绿茶的人

P(88005|*tea*)=客户购买了绿茶且他居住在邮政编码为 88005 的地区的概率。

Customer ID	Zipcode	bought organic produce?	bought Sencha green tea?
1	88005	Yes	Yes
2	88001	No	No
3	88001	Yes	Yes
4	88005	No	No
5	88003	Yes	No
6	88005	No	Yes
7	88005	No	No
8	88001	No	No
9	88005	Yes	Yes
10	88003	Yes	Yes

我们想知道，一个住在 88005 地区、购买有机商品的人是不是可能购买绿茶，即计算：

P(*tea*|88005 & *organic*)，为此我们只简单地对概率进行相乘：

P(*tea*|88005 & *organic*) = P(88005 | *tea*) P(*organic* | *tea*) P(*tea*) =0.6(0.8)(0.5) = 0.24

P(¬*tea*|88005 & *organic*) = P(88005 |¬*tea*) P(*organic*|¬*tea*)P(¬*tea*) =0.4(0.25)(0.5) = 0.05

于是，一个住在 88005 地区、购买有机商品的人相对于不购买绿茶更有可能购买绿茶。因此，我们在购物车显示车上展示 the Green Tea。

这是 Stephen Baker 对智能购物车技术的描述：

……这可能是使用这类购物车购物可能的感觉。你推着购物车在入口处，刷了一下卡。欢迎屏幕会弹出一个购物列表。这个列表是根据你的购物历史生成的，包括牛奶、鸡蛋、西葫芦等。智能系统可以为你提供到达每项商品的最快路径。或者，系统有可能让你对购物列表进行编辑，比如告诉系统不要再推销菜花和咸花生。这看上去很简单，但是按照埃森哲咨询公司的研究，顾客会忘记欲购买物品的大约 11%。如果商店能够高效地提醒顾客要买的东西，也就意味着顾客半夜到便利店的次数更少，同时也意味着商店有更多的销售量。

Baker. 2008. P49.

> 我在书中多次提到 Stephen Baker 写作的一本书 *The Numerati*。我高度建议你阅读这本书。纸书仅需要 10 美元，是一本很棒的晚间读物。

i100 i500

假设我们想帮助一家出售可穿戴运动监测器的公司 iHealth，这些可穿戴设备想与 Nike 的 Fuel 和 Fitbit 的 Flex 竞争。iHealth 出售两款在功能上有所递增的产品：i100 和 i500。

iHealth100:

心率，GPS（用来计算每小时的英里数等），Wi-Fi（自动连接 iHealth 网站以下载数据）。

iHealth500:

在 i100 功能的基础上添加了血氧饱和度（血液中的含氧量）和到 iHealth 网站的免费 3G 连接。

iHealth 公司在网站上出售这些产品，他们雇我们构建一个面对顾客的产品推荐系统。为获得数据来构建系统，当顾客购买监测器时，我们会让他们填写一张问卷调查表。问卷中的每个问题都与某个属性有关。首先，我们会问他们开始运动锻炼的原因，我们给出 3 个选择：健康、容貌以及两者都是。我们会问他们现在的锻炼级别如何：久坐不动、适度锻炼还是积极锻炼。我们还会问他们的动机程度如何，包括中等动机和很强动机。最后我们会问使用技术设备之后他们是否会觉得习惯。最终得到的结果如下。

Main Interest	Current Exercise Level	How Motivated	Comfortable with tech. Devices?	Model #
both	sedentary	moderate	yes	i100
both	sedentary	moderate	no	i100
health	sedentary	moderate	yes	i500
appearance	active	moderate	yes	i500
appearance	moderate	aggressive	yes	i500
appearance	moderate	aggressive	no	i100
health	moderate	aggressive	no	i500
both	active	moderate	yes	i100
both	moderate	aggressive	yes	i500
appearance	active	aggressive	yes	i500
both	active	aggressive	no	i500
health	active	moderate	no	i500
health	sedentary	aggressive	yes	i500
appearance	active	moderate	no	i100
health	sedentary	moderate	no	i100

习题

如果某个人的主要兴趣是健康、当前锻炼级别适中、动机中等、习惯于技术设备，那么利用朴素贝叶斯方法会推荐哪款产品给他？

需要的话可以看下面的提示！

习题——提示

我们要计算：

P(i100 | health, moderateExercise, moderateMotivation, techComfortable)

和

P(i500 | health, moderateExercise, moderateMotivation, techComfortable)

并从中选择更高概率的那款产品。

下面我列一下为计算第一个式子要做的事：

P(i100 | health, moderateExercise, moderateMotivation, techComfortable) =
P(health|i100) P(moderateExercise|i100) P(moderateMotivated|i100) P(techComfortable|i100)P(i100)

因此，首先要计算：

P(health|i100) = 1/6　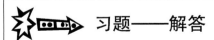　　　有 6 个人购买了 i100，其中只有一个人的主要兴趣是健康。

P(moderateExercise|i100) =

P(moderateMotivated|i100) =

P(techComfortable|i100) =

P(i100) = 6 / 15

以上就是我的提示，希望读者能够完成其余的任务。

习题——解答

首先计算：

P(i100 | health, moderateExercise, moderateMotivation, techComfortable)

它等于如下几项的乘积：

P(health|i100) P(moderateExercise|i100) P(moderateMotivated|i100)
   P(techComfortable|i100)P(i100)

P(health|i100) = 1/6
P(moderateExercise|i100) = 1/6
P(moderateMotivated|i100) = 5/6
P(techComfortable|i100) = 2/6
P(i100) = 6 / 15

于是

P(i100| evidence) = .167 * .167 * .833 * .333 * .4 = **.00309**

接下来计算：

P(i500 | health, moderateExercise, moderateMotivation, techComfortable)

P(health|i500) = 4/9
P(moderateExercise|i500) = 3/9
P(moderateMotivated|i500) = 3/9
P(techComfortable|i500) = 6/9
P(i500) = 9 / 15

P(i500| evidence) = .444 * .333 * .333 * .667 * .6 = **.01975**

用 Python 编程实现

  太好了！我们理解了朴素贝叶斯的工作原理，下面考虑如何用 Python 实现。这里的数据文件格式和前一章一样，也是一个文本文件，其中每行包含用制表键隔开的多个值。对于上述的 iHealth 而言，数据文件的格式如下：

  很快我们会使用一个大很多的数据集作为例子，并且会保留上一章所使用的 10 折交叉验证方法的代码。回顾一下，10 折交叉验证方法将数据分到 10 个桶（文件）中，然后基于 9 个桶进行训练并用剩下的那个桶进行测试。上述过程重复 10 次，每次保留一个不同的桶用于测试。上面 iHealth 的例子十分简单，只有 15 个实例，我们只是用它来手工过一遍朴素贝叶斯分类器。对于仅有的 15 个实例来说，将它们分到 10 个桶里实在有点傻乎乎的。因此，接下来我们将采用一种特别的做法，虽然这种做法不是特别漂亮，它确实会有 10 个桶，但是却将所有 15 个实例分到 1 个桶中，而其他桶都为空。

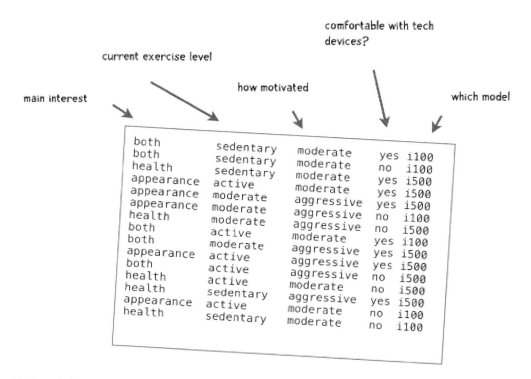

朴素贝叶斯分类器的代码由两部分组成，一部分是训练，另一部分是分类。

训练

训练过程的输出必须包括：

- 一系列先验概率集合，比如 $P(\text{i100})=0.4$；
- 一系列条件概率集合，比如 $P(\text{health} | \text{i100})=0.167$。

下面将把先验概率集合表示为一部 Python 字典（哈希表）：

`self.prior = {'i500': 0.6, 'i100': 0.4}`

条件概率则稍微复杂一点。我的做法是将条件概率集合与每个类别关联起来，当然也许存在更好的做法。

```
{'i500': {1: {'appearance': 0.3333333333333, 'health': 0.4444444444444,
              'both': 0.2222222222222},
          2: {'sedentary': 0.2222222222222, 'moderate': 0.333333333333,
              'active': 0.4444444444444444},
          3: {'moderate': 0.333333333333, 'aggressive': 0.66666666666},
          4: {'no': 0.3333333333333333, 'yes': 0.6666666666666666}},
 'i100': {1: {'appearance': 0.333333333333, 'health': 0.1666666666666,
              'both': 0.5},
          2: {'sedentary': 0.5, 'moderate': 0.16666666666666,
              'active': 0.3333333333333},
          3: {'moderate': 0.83333333334, 'aggressive': 0.166666666666},
          4: {'no': 0.6666666666666, 'yes': 0.3333333333333}}}
```

上面的 1、2、3、4 分别代表每列的编号。因此上面的第一行表示"当设备为 i500 的条件下第一列的值为"appearance"的概率为 0.333"。

计算上述概率的第一步只是简单计数的过程。下面给出了输入文件的前面几行：

```
both         sedentary    moderate     yes i100
both         sedentary    moderate     no  i100
health       sedentary    moderate     yes i500
appearance   active       moderate     yes i500
```

这里将再次用到字典。一个称为 classes 的字典将计算每个类别的出现次数。因此，扫描上面文件的第一行之后，classes 就变成：

`{'i100': 1}`

而扫描完第二行之后，变成：

`{'i100': 2}`

扫描完第三行，变成：

`{'i500': 1, 'i100': 2}`

计数

先验概率

处理完所有数据之后，变成：

`{'i500': 9, 'i100': 6}`

为得到先验概率，只需要简单地将上面每个类别的出现次数除以实例的总数。

为确定条件概率，下面将对输入文件不同列属性值的出现次数进行计数并存入 counts 字典中，继而得到每一个单独类别的计数值。因此，处理完输入文件第一行之后，counts 变为：

```
{'i100': {1: {'both': 1}}
```

处理完所有数据之后，counts 变为：

```
{'i100': {1: {'appearance':2, 'health': 1, 'both': 3},
          2: {'active': 2, 'moderate': 1, 'sedentary': 3},
          3: {'moderate': 5, 'aggressive': 1},
          4: {'yes': 2, 'no': 4}},
 'i500': {1: {'health': 4, 'appearance': 3, 'both': 2},
          2: {'active': 4, 'moderate': 3, 'sedentary': 2},
          3: {'moderate': 3, 'aggressive': 6},
          4: {'yes': 6, 'no': 3}}}
```

因此，在 i100 实例的第一列中，appearance、health 和 both 分别总共出现 2 次、1 次和 3 次。为获得条件概率，我们将这些数除以该类别中的实例总数。例如，总共有 6 个 i100 的实例，其中 2 个实例第一列的值为"appearance"，于是有：

```
P('appearance' |i100) = 2/6 = 0.333
```

了解上述背景知识之后，就可以给出如下的分类器训练 Python 代码（记住，你可以从 guidetodatamining.com 下载该代码）：

```python
#  _____

class BayesClassifier:
    def __init__(self, bucketPrefix, testBucketNumber, dataFormat):
        """ a classifier will be built from files with the bucketPrefix
        excluding the file with textBucketNumber. dataFormat is a
        string that describes how to interpret each line of the data
        files. For example, for the iHealth data the format is:
        "attr    attr  attr  attr  class"
        """
        
        total = 0
        classes = {}
        counts = {}
        
        # reading the data in from the file
        
        self.format = dataFormat.strip().split('\t')
        self.prior = {}
        self.conditional = {}
```

```python
# for each of the buckets numbered 1 through 10:
for i in range(1, 11):
    #if it is not the bucket we should ignore, read in the data
    if i != testBucketNumber:
        filename = "%s-%02i" % (bucketPrefix, i)
        f = open(filename)
        lines = f.readlines()
        f.close()
        for line in lines:
            fields = line.strip().split('\t')
            ignore = []
            vector = []
            for i in range(len(fields)):
                if self.format[i] == 'num':
                    vector.append(float(fields[i]))
                elif self.format[i] == 'attr':
                    vector.append(fields[i])
                elif self.format[i] == 'comment':
                    ignore.append(fields[i])
                elif self.format[i] == 'class':
                    category = fields[i]
            # now process this instance
            total += 1
            classes.setdefault(category, 0)
            counts.setdefault(category, {})
            classes[category] += 1
            # now process each attribute of the instance
            col = 0
            for columnValue in vector:
                col += 1
                counts[category].setdefault(col, {})
                counts[category][col].setdefault(columnValue,0)
                counts[category][col][columnValue] += 1
#
# ok done counting. now compute probabilities
#
# first prior probabilities p(h)
#
for (category, count) in classes.items():
    self.prior[category] = count / total
#
# now compute conditional probabilities p(h|D)
#
for (category, columns) in counts.items():
    self.conditional.setdefault(category, {})
    for (col, valueCounts) in columns.items():
        self.conditional[category].setdefault(col, {})
        for (attrValue, count) in valueCounts.items():
            self.conditional[category][col][attrValue] = (
                count / classes[category])
```

> 训练过程就是这样！没有复杂的数学，只是基本的计数过程！！！

分类

好了，我们已经训练好分类器。接下来我们想对各种实例进行分类。例如，某个人的主要兴趣是健康（health），其锻炼的积极性适中（moderately active）、动力也适中（moderately motivated）并且习惯于技术（comfortable with technology），此时我们应该给他推荐哪款产品？

```
c.classify(['health', 'moderate', 'moderate', 'yes'])
```

为得到上述结束，需要计算：

$$h_{MAP} = \arg\max_{h \in H} P(D|h)P(h)$$

我们前面手算了给定证据下每条假设的概率，这里简单地将手算过程写成如下代码：

```python
def classify(self, itemVector):
    """Return class we think item Vector is in"""
    results = []
    for (category, prior) in self.prior.items():
        prob = prior
        col = 1
        for attrValue in itemVector:
            if not attrValue in self.conditional[category][col]:
                # we did not find any instances of this attribute value
                # occurring with this category so prob = 0
                prob = 0
            else:
                prob = prob * self.conditional[category][col][attrValue]
            col += 1
        results.append((prob, category))
    # return the category with the highest probability
    return(max(results)[1])
```

当运行上述代码时，我们会得到和前面手算一样的结果：

```
>>c = Classifier("iHealth/i", 10, "attr\tattr\tattr\tattr\tclass")
>>print(c.classify(['health', 'moderate', 'moderate', 'yes'])
i500
```

共和党 vs. 民主党

下面考察一个称为国会投票记录数据集（Congressional Voting Records Data Set）的新数据集，它可以从位于 http://archive.ics.uci.edu/ml/index.html 的机器学习资源库（Machine Learning Repository）下载使用。该数据由美国国会代表的投票记录构成。其中的属性是议员对 16 项不同议案的投票结果。

```
Attribute Information:

1. Class Name: 2 (democrat, republican)
2. handicapped-infants: 2 (y,n)
3. water-project-cost-sharing: 2 (y,n)
4. adoption-of-the-budget-resolution: 2 (y,n)
5. physician-fee-freeze: 2 (y,n)
6. el-salvador-aid: 2 (y,n)
7. religious-groups-in-schools: 2 (y,n)
8. anti-satellite-test-ban: 2 (y,n)
9. aid-to-nicaraguan-contras: 2 (y,n)
10. mx-missile: 2 (y,n)
11. immigration: 2 (y,n)
12. synfuels-corporation-cutback: 2 (y,n)
13. education-spending: 2 (y,n)
14. superfund-right-to-sue: 2 (y,n)
15. crime: 2 (y,n)
16. duty-free-exports: 2 (y,n)
17. export-administration-act-south-africa: 2 (y,n)
```

数据文件的每行由制表键隔开的多个值组成：

```
democrat    y n y n n n y y y n n n n y y
democrat    y y y n n n y y y n n n n n y y
democrat    y y y n n n y y n n n n n y n y
republican  y y y n n y y y y y n n n n n y
```

我们构建的朴素贝叶斯分类器在这个例子上的运行效果不错（下面的 format 字符串表示，第一列是实例的类别，其余列都是属性）：

```
format = """class\tattr\tattr\tattr\tattr\tattr\tattr\tattr\tattr
\tattr\tattr\tattr\tattr\tattr\tattr\tattr"""

tenfold("house-votes/hv", format)
             Classified as:
             democrat    republican
             +--------+--------+
  democrat   |   111  |   13   |
             |--------+--------|
 republican  |    9   |   99   |
             +--------+--------+

90.517 percent correct
total of 232 instances
```

非常不错的结果!

为了解上述方法其中的一个问题,接下来考虑另一个美国众议院的例子。在 435 个投票议员中,我从中抽样出 200 个议员(100 个民主党员和 100 个共和党员)构成训练样本。下表给出了他们对 4 个提案的投票支持率。

	CISPA	Reader Privacy Act	Internet Sales Tax	Internet Snooping Bill
Republican	0.99	0.01	0.99	0.5
Democrat	0.01	0.99	0.01	1.0

% voting 'yes'

上表表明,该样本集中投票赞成 CISPA 提案的有 99% 是共和党人,赞成 Reader Privacy Act 提案的共和党人比例只有 1%,赞成 Internet Sales Tax 和 Internet Snooping 提案的共和党人比例分别为 99% 和 50%(上述数字是我虚构的,因此并不能反映真实情况)。我们从样本集之外选择一个美国议员,比如说议员 X,我们想将他分为共和党人或民主党人。下面我把该议员的投票结果也加到上述表格中。

	CISPA	Reader Privacy Act	Internet Sales Tax	Internet Snooping Bill
Republican	0.99	0.01	0.99	0.5
Democrat	0.01	0.99	0.01	1.0
Rep. X	N	Y	N	N

我会猜测是民主党人。下面使用朴素贝叶斯分类器一步一步进行推导。由于样本集中各有 100 民主党人和共和党人，因此先验概率 *P*(*Democrat*) 和 *P*(*Republican*) 均为 0.5。我们知道议员 X 对 CISPA 投的是反对票，并且也知道：

P(Republican|C=no) = 0.01 且 P(Democrat|C=no) = 0.99

其中 C=CISPA。利用这点证据得到 P(h|D) 概率为：

h=	p(h)	P(C=no|h)			P(h|D)
Republican	0.5	0.01			0.005
Democrat	0.5	0.99			0.495

同时考虑议员 X 对 Reader Privacy Act 投的是赞成票，而对 Sales Tax 投的是反对票，有：

h=	p(h)	P(C=no|h)	P(R=yes|h)	P(T=no|h)	P(h|D)
Republican	0.5	0.01	0.01	0.01	0.0000005
Democrat	0.5	0.99	0.99	0.99	0.485

如果对上述概率进行归一化，有：

$$P(Democrat \mid D) = \frac{0.485}{0.485 + 0.0000005} = \frac{0.485}{0.4850005} = 0.99999$$

迄今为止，我们议员 X 是民主党有 99.99% 的信心。

最后，我们再将该议员对 Internet Snooping 提案投反对票这个因素考虑在内，有：

h=	p(h)	P(C=no|h)	P(R=yes|h)	P(T=no|h)	P(S=no|h)	P(h|D)
Republican	0.5	0.01	0.01	0.01	0.50	2.5E-07
Democrat	0.5	0.99	0.99	0.99	0.00	0

哎呀！X 是民主党的可能性一下子从 99.99%的下降为 0，之所以出现这样的结果是因为样本集中没有民主党人对 Internet Snooping 投反对票。

概率估计

朴素贝叶斯中的概率是真实概率的估计值。真实概率是指总体中获得的概率。例如，假设我们可以对所有人口都进行癌症测试，我们就可以获得未患病者测试结果为阴性的真实概率。但是，对每个人进行测试是几乎不可能的。我们可以通过从总体中选择随机代表性样本来估计概率。比如说选出 1000 个人，对他们进行测试，然后计算概率。大部分情况下，这种做法能够很好地估计出真实概率，但是当真实概率很小时，估计结果可能会很差。下面给出一个例子。假设民主党人对 Internet Snooping 提案投反对票的真实概率为 0.03，即 $P(S=no|Democrat) = 0.03$。

思考题

假设通过选出的由 10 个民主党人和 10 个共和党人构成的样本来估计概率，那么该样本集中对 Snooping 提案投反对票的人数最可能是如下哪个？

☐ 0   ☐ 1   ☐ 2   ☐ 3

思考题——解答

假设通过选出的由 10 个民主党人和 10 个共和党人构成的样本来估计概率，那么该样本集中对 Snooping 提案投反对票的人数最可能是如下哪个？

0

因为基于上述样本集计算出 $P(S=no|Democrat) = 0$。

正如在前面一个例子中看到的那样，当某个概率为 0 时，它就会主导朴素贝叶斯的计算过程，不管其他值是什么都无济于事。另一个问题是，基于样本集估计出的概率往往是真实概率的偏低估值。

问题的解决

当计算类似 P(S=no|Democrat) 的概率时，我们曾经的计算公式为：

$$P(S = no \mid Democrat) = \frac{\text{对 Snooping 提案投反对票的民主党人数}}{\text{数据集中所有民主党人的数目}}$$

为解释方便起见，我们使用一些很短的记号对上述公式进行简化：

$$P(x \mid y) = \frac{n_c}{n}$$

其中，n 是训练集中所有类别 y 实例的数目，n_c 是类别 y 中所有值为 x 的实例数目。

当 n_c 为 0 时，上述计算会出现问题。我们可以将公式改成如下公式来消除上述问题：

$$P(x \mid y) = \frac{n_c + mp}{n + m}$$

> 该公式来自 Tom Mitchell 的书 *Machine Learning* 的第 179 页。

其中，m 是一个称为等效样本容量（equivalent sample size）的常数。有多种确定 m 值的方法，这里根据属性的不同对 m 取值。例如，Snooping 提案的投票结果有两种：yes 或 no。因此，上面的 m 为 2。P 是概率的先验估计，通常假设为均匀分布的概率。例如，如果对某个人一无所知，那么他对 Snooping 提案投反对票的概率是多少？答案是 1/2，因此这种情况下 p 为 1/2。

我们再重复一遍前面那个例子来了解具体的做法。首先，下表给出了投票的结果：

共和党人的投票结果

	CISPA	Reader Privacy Act	Internet Sales Tax	Internet Snooping Bill
Yes	99	1	99	50
No	1	99	1	50

民主党人的投票结果

	CISPA	Reader Privacy Act	Internet Sales Tax	Internet Snooping Bill
Yes	1	99	1	0
No	99	1	99	100

待分类的人对 CIPSA 投的是反对票。首先计算在投这种票的情况下，该人为共和党人的概率。新的计算公式为：

$$P(x|y) = \frac{n_c + mp}{n + m}$$

其中，n 是共和党的人数 100，而 n_c 是其中对 CISPA 投反对票的人数 1。m 是属性"how they voted on CISPA"的取值个数 2(yes 或 no)。因此，将上述数字代入到新公式中，有：

$$P(cispa = no | republican) = \frac{1 + 2(0.5)}{100 + 2} = \frac{2}{102} = 0.01961$$

对于已知是民主党人对 CISPA 投反对票的概率计算过程也与上面类似：

$$P(cispa = no | democrat) = \frac{99 + 2(0.5)}{100 + 2} = \frac{100}{102} = 0.9804$$

利用上述证据，可以得到当前的 $P(h|D)$ 概率为：

h=	p(h)	P(C=no|h)			P(h|D)
Republican	0.5	0.01961			0.0098
Democrat	0.5	0.9804			0.4902

将议员 X 对 Reader Privacy Act 议案投的是反对票，对 Sales 议案投的也是反对票两个因素也考虑在内完成表格。

 习题

完成上述计算，将该议员判为共和党人或民主党人。

记住，他对 CISPA 投的是反对票，对 Reader Privacy ACT 投的是赞成票，对 Sales Tax 和 Snooping 投的都是反对票。

 习题——解答

完成上述计算，将该议员判为共和党人或民主党人。

记住，他对 CISPA 投的是反对票，对 Reader Privacy ACT 投的是赞成票，对 Sales Tax 和 Snooping 投的都是反对票。

其中两列的计算过程可以复制对 CISPA 投票的计算过程。已知是共和党议员的条件下，他对 Snooping 投反对票的概率为：

$$P(s = no \mid republican) = \frac{50 + 2(0.5)}{100 + 2} = \frac{51}{102} = 0.5$$

而当他为民主党人时投反对票的概率为：

$$P(s = no \mid democrat) = \frac{0 + 2(0.5)}{100 + 2} = \frac{1}{102} = 0.0098$$

将上述概率相乘，有：

h=	p(h)	P(C=no|h)	P(R=yes|h)	P(I=no|h)	P(S=no|h)	P(h|D)
Republican	0.5	0.01961	0.01961	0.01961	0.5	0.000002
Democrat	0.5	0.9804	0.9804	0.9804	0.0098	0.004617

因此，我们不会像前面一样将该议员判为民主党人。这和我们的直觉相吻合。

一点澄清

上例当中，m 在所有计算当中都为 2。然而，并非必须如此，即 m 不必在多个属性上都是一样的常数。考虑本章前面讨论的健康监测仪的例子。那个例子中的属性包括：

survey

What is your main interest in getting a monitor?
- ○ health
- ● appearance
- ○ both

对于该属性来说，由于属性的取值数为 3(health、appearance、both)，因此 m=3。如果假设均匀概率的话，那么由于属性每项取值的概率都是 1/3，因此 p=1/3。

What is your current exercise level?
- ● sedentary
- ○ moderate
- ○ active

对于该属性也有 m=3 且 p=1/3。

Are you comfortable with tech devices?
- ● yes
- ○ no

由于该属性的取值有两种，因此有 m=2，又由于属性取每个值的概率为 1/2，所以 p=1/2。

假设参加调查的人中有 100 个人（n=100）拥有 i500，其中锻炼水平为 sedentary 的人数为 0（n_c）。则持有 i500 的人锻炼水平为 sedentary 的概率为：

$$P(sedentary \mid i500) = \frac{n_c + mp}{n + m} = \frac{0 + 3(0.333)}{100 + 3} = \frac{1}{103} = 0.0097$$

数字

你可能注意到了，在所有讨论的近邻方法中我用的都是数值型（numerical）数据，而在朴素贝叶斯公式当中，我们将其转为使用类别型（categorical，或者称指称型）数据。比如，我们将议员按照提案的投票方式来处理，所有投赞成票的归为一类，而所有投反对票的归为另一类。或者，我们将音乐家按照所使用的乐器进行分类，于是所有的萨克斯管演奏者归为一类，所有的鼓手归到另一类，所有的钢琴演奏者又归为一类，等等。这些类别不会形成一个取值区间。因此，萨克斯管演奏者到钢琴演奏者的距离不会比其到鼓手的距离更短。而数值型数据会处于一个取值区间。年薪 105000 美元到年薪 110000 美元的差距会比它到 4000 美元的差距要小。

对于贝叶斯方法来说，我们做的是计数，比如属于 sedentary 的有多少人，初看起来对在取值区间内的值进行计数不是那么显而易见，比如，平均绩点（Grade Point Average，GPA）就是如此。有两种方法可以实现这一点。

方法 1：构建类别

一种解决方法是将连续属性离散化从而构建类别。大家在网站和调查表中常常会看到这种做法。

```
Age
    o < 18
    o 18-22
    o 23-30
    o 30-40
    o > 40

Annual Salary
    o > $200,000
    o 150,000 - 200,000
    o 100,00 - 150,000
    o 60,000-100,000
    o 40,000-60,000
```

一旦将上述信息很好地划分为离散值，就可以完全像前面一样使用朴素贝叶斯。

方法 2：高斯分布！

术语"高斯分布"和"概率密度分布"听起来很酷，但它们可不仅仅是让你在聚会上给朋友留下深刻印象的短语。它们到底是什么意思？它们在朴素贝叶斯中如何使用？考虑如下增加一个收入（income）属性之后的例子。

考虑一个 i500 这款高大上设备的典型购买者。如果让你去描述这个人的话，你可能会给出如下平均收入：

$$mean = \frac{90+125+100+150+100+120+95+90+85}{9} = \frac{955}{9} = 106.111$$

Main Interest	Current Exercise Level	How Motivated	Comfortable with tech. Devices?	Income (in $1,000)	Model #
both	sedentary	moderate	yes	60	i100
both	sedentary	moderate	no	75	i100
health	sedentary	moderate	yes	90	i500
appearance	active	moderate	yes	125	i500
appearance	moderate	aggressive	yes	100	i500
appearance	moderate	aggressive	no	90	i100
health	moderate	aggressive	no	150	i500
both	active	moderate	yes	85	i100
both	moderate	aggressive	yes	100	i500
appearance	active	aggressive	yes	120	i500
both	active	aggressive	no	95	i500
health	active	moderate	no	90	i500
health	sedentary	aggressive	yes	85	i500
appearance	active	moderate	no	70	i100
health	sedentary	moderate	no	45	i100

并且在阅读完第 4 章之后，你可能会给出标准差：

$$sd = \sqrt{\frac{\sum_i (x_i - \overline{x})^2}{card(x)}}$$

回顾一下，标准差描述的是分散的幅度。如果所有值都聚集在均值周围的话，标准差会很小；而如果所有值都较分散的话，标准差会很大。

习题

i500 购买者收入的标准差是多少（所有 i500 购买者的收入值如下所示）？

Income (in $1,000)
90
125
100
150
100
120
95
90
85

习题——解答

i500 购买者收入的标准差是多少（所有 i500 购买者的收入值如上所示）？

Income (in $1,000)	(x-106.111)	(x-106.111)²
90	-16.111	259.564
125	18.889	356.794
100	-6.111	37.344
150	43.889	1926.244
100	-6.111	37.344
120	13.889	192.904
95	-11.111	123.454
90	-16.111	259.564
85	-21.111	445.674
	∑ =	3638.889

$$sd = \sqrt{\frac{3638.889}{9}}$$

$$= \sqrt{404.321} = 20.108$$

总体标准差和样本标准差

上面所使用的计算标准差的公式算出的值称为总体标准差,之所以这样叫是因为计算时获得了所有感兴趣的总体数据。例如,我们可以对 500 名学生进行测试然后计算均值和标准差。这种情况下,可以使用上面所用的总体标准差。但是,通常来说我们不能获得全部总体数据。例如,假设我们对北墨西哥干旱如何影响鹿鼠感兴趣,在此研究过程中,我们想知道这些动物的体重的均值和标准差。这种情况下就不会对北墨西哥的每只鹿鼠都测体重。取而代之的是,我们会收集并对一些典型的鹿鼠样本测量体重。

对于此样本集,可以使用上面的标准差计算公式,但是有另一个公式被证明是总体标准差的一个更优估计。该公式称为样本标准差(sample standard deviation),它只是前面公式的一个轻微变形:

$$sd = \sqrt{\frac{\sum_i (x_i - \overline{x})^2}{card(x) - 1}}$$

上述有关收入的例子的样本标准差为:

$$sd = \sqrt{\frac{3638.889}{9-1}} = \sqrt{\frac{3638.889}{8}}$$

$$= \sqrt{454.861} = 21.327$$

本章的剩余部分我们都将使用样本标准差。

你可能听说过诸如正态分布、贝尔曲线（bell curve，也称钟形曲线）、高斯分布之类的术语。高斯分布只是正态分布的一个更高端的说法。描述这类分布的函数称为高斯函数或者贝尔曲线。大部分情况下，数据挖掘人员会假设属性满足正态分布。这意味着高斯分布中大约 68% 的实例都落在均值的一个标准差内，而 95% 的实例都落在均值的两个标准差内：

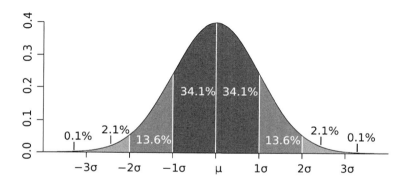

上述例子中，均值为 106.111，样本标准差为 21.327。因此，购买 i500 的 95% 的人的收入都在 42660 美元到 149770 美元之间。如果想知道的是 i500 购买者的收入为 100000 美元的概率 P(100k|i500) 的话，你可能会认为概率很大。而如果想知道的是 i500 购买者的收入为 20000 美元的概率 P(20k|i500) 的话，那么可能性就不大。

为使上述计算过程形式化，我们将使用均值和标准差来计算概率：

$$P(x_i \mid y_j) = \frac{1}{\sqrt{2\pi}\sigma_{ij}} e^{\frac{-(x_i - \mu_{ij})^2}{2\sigma_{ij}^2}}$$

> 或许公式用更大字体会使之看上去更简单！

每次我在本书中输入一个看上去复杂的公式时，我都感觉有说"不要惊慌"的需要。我想可能任何读者都不会惊慌，惊慌的仅仅是我。

但是，我要这样说。数据挖掘具有专业的术语和公式。在投入到数据挖掘之前，你可能会想"这些东西看起来很难"。但是，学习之后，甚至只需要很短一段时间，这些公式就变得一点都不特别了。一切只是一步步熟悉并使用公式的过程。

下面深入到公式内部就会发现公式真的很简单。假设想计算 i500 购买者的收入为 100000 美元的概率 P(100k|i500)。前几页我们计算了 i500 购买者的平均收入（均值）。我们也计算了样本标准差。这些值都会在下面给出。按照 Numerati 的做法，我们用希腊字母 μ 和 σ 分别表示均值和标准差。

$$P(x_i \mid y_j) = \frac{1}{\sqrt{2\pi}\sigma_{ij}} e^{\frac{-(x_i-\mu_{ij})^2}{2\sigma_{ij}^2}}$$

$\mu_{ij} = 106.111$
$\sigma_{ij} = 21.327$
$x_i = 100$

将上述值代入到公式中，有：

$$P(x_i \mid y_j) = \frac{1}{\sqrt{2\pi}(21.327)} e^{\frac{-(100-106.111)^2}{2(21.327)^2}}$$

于是有：

$$P(x_i \mid y_j) = \frac{1}{\sqrt{6.283}(21.327)} e^{\frac{-(37.344)}{909.68}}$$

继续计算，得到：

$$P(x_i \mid y_j) = \frac{1}{53.458} e^{-0.0411}$$

其中 e 是自然对数的底，值大约为 2.718。

$$P(x_i \mid y_j) = \frac{1}{53.458}(2.718)^{-0.0411} = (0.0187)(0.960) = 0.0180$$

因此，i500 购买者的收入为 100000 美元的概率为 0.0180。

习题

下表给出了 MPG 为 35 的汽车的功率评级结果，请计算 MPG 为 35 的 Datsun 280z 的功率为 132 马力的概率。

car	HP
Datsun 210	65
Ford Fiesta	66
VW Jetta	74
Nissan Stanza	88
Ford Escort	65
Triumph tr7 coupe	88
Plymouth Horizon	70
Suburu DL	67

$\mu_{ij} = $ _____

$\sigma_{ij} = $ _____

$x_i = $ _____

习题——解答

下表给出了 MPG 为 35 的汽车的功率评级结果，请计算 MPG 为 35 的 Datsun 280z 的功率为 132 马力的概率。

car	HP
Datsun 210	65
Ford Fiesta	66
VW Jetta	74
Nissan Stanza	88
Ford Escort	65
Triumph tr7 coupe	88
Plymouth Horizon	70
Suburu DL	67

$\mu_{ij} = $ **72.875**

$\sigma_{ij} = $ **9.804**

$x_i = $ **132**

$$\sigma = \sqrt{\frac{(65-\mu)^2 +(66-\mu)^2 +(74-\mu)^2 +(88-\mu)^2 +(65-\mu)^2 +(88-\mu)^2 +(70-\mu)^2 +(67-\mu)^2}{7}}$$

$$\sigma = \sqrt{\frac{672.875}{7}} = \sqrt{96.126} = 9.804$$

习题——解答

$\mu_{ij} = 72.875$

$\sigma_{ij} = 9.804$

$x_i = 132$

$$P(x_i \mid y_j) = \frac{1}{\sqrt{2\pi}\sigma_{ij}} e^{\frac{-(x_i - \mu_{ij})^2}{2\sigma_{ij}^2}}$$

$$P(132hp \mid 35mpg) = \frac{1}{\sqrt{2\pi}(9.804)} e^{\frac{-(132-72.875)^2}{2(9.804)^2}}$$

$$= \frac{1}{\sqrt{6.283}(9.804)} e^{\frac{-3495.766}{192.237}} = \frac{1}{24.575} e^{-18.185}$$
$$= 0.0407(0.00000001266)$$
$$= 0.0000000005152$$

好的，MPG 为 35 的 Datsun 280z 功率为 132 马力的可能性几乎没有（但是确实还是有概率！）。

实现上的一些说明

在朴素贝叶斯的训练阶段，我们会计算每个数值型属性的均值和样本标准差。下面马上就会看到实现细节。

在分类阶段，上述公式可以通过如下仅仅几行 Python 代码就可以实现：

```python
import math

def pdf(mean, ssd, x):
    """Probability Density Function  computing P(x|y)
    input is the mean, sample standard deviation for all the items in y,
    and x."""
    ePart = math.pow(math.e, -(x-mean)**2/(2*ssd**2))
    return (1.0 / (math.sqrt(2*math.pi)*ssd)) * ePart
```

下面对上面手工计算过的例子进行测试：

```
>>>pdf(106.111, 21.327, 100)
0.017953602706962717

>>>pdf(72.875, 9.804, 132)
5.152283971078022e-10
```

哟！休息时间到！

Python 实现

训练阶段

朴素贝叶斯方法依赖于先验概率和条件概率。回到前面民主党/共和党的例子。先验概率是指在观察到任意证据之前的概率。例如，如果知道有 233 名共和党人和 200 名民主党人的话，那么美国众议院中某个任意议员为共和党人的先验概率为：

$$P(republican) = \frac{233}{433} = 0.54$$

上述概率记为 $P(h)$。条件概率 $P(h|D)$ 是指在知道 D 的情况下 h 成立的概率，比如 $P(democrat|bill_1Vote=yes)$。在朴素贝叶斯中，我们计算上述概率的条件翻转概率 $P(D|h)$，例如 $P(bill_1Vote=yes|democrat)$。

在现有 Python 程序中，我们将这些条件概率存到一部字典中，该字典的格式如下：

```
{'democrat': {'bill 1': {'yes': 0.333, 'no': 0.667},
              'bill 2': {'yes': 0.778, 'moderate': 0.222}}

 'republican': {'bill 1': {'yes': 0.811, 'no': 0.189},
                'bill 2': {'yes': 0.250, 'no': 0.750}}}
```

因此，民主党议员对议案 1 投赞成票的概率 $P(bill_1=yes|democrat)$ 为 0.333。

对于属性值为离散值(比如，'yes'、'no'、'sex=male'、'sex=female')的属性，我们会保持上述数据结构。但是，当面对数值型属性时，我们将使用概率密度函数，需要存储属性均值和样本标准差。对于这些数值型属性，将使用如下数据结构：

```
mean = {'democrat': {'age': 57,  'years served': 12}
        'republican': {'age': 53, 'years served': 7}}

ssd = {'democrat': {'age': 7,  'years served': 3}
       'republican': {'age': 5, 'years served': 5}}
```

像以前一样，每个实例都在数据文件中表示成一行。每个实例的不同属性都通过制表键进行分隔。例如，Pima 印第安人糖尿病数据集的格式如下所示：

```
3   78  50  32  88  31.0   0.248  26  1
4   111 72  47  207 37.1   1.390  56  1
1   189 60  23  846 30.1   0.398  59  1
1   117 88  24  145 34.5   0.403  40  1
3   107 62  13  48  22.9   0.678  23  1
7   81  78  40  48  46.7   0.261  42  0
9   99  70  16  44  20.4   0.235  27  0
5   105 72  29  325 36.9   0.159  28  0
2   142 82  18  64  24.7   0.761  21  0
1   81  72  18  40  26.6   0.283  24  0
0   100 88  60  110 46.8   0.962  31  0
```

每一列依次分别表示怀孕次数、血糖、血压、三头肌皮脂厚度、血清胰岛素、身体质量指数和年龄，最后一列的 1 表示患有糖尿病，0 表示没有糖尿病。

也和前面一样，我们将使用格式字符串以便对每列进行解释，其中使用了如下术语。

- attr 表示该列应该解释为非数值型属性，将使用本章前面介绍的贝叶斯方法。

- num 表示该列应该解释为数值型属性，将使用概率密度函数（因此我们在训练中将需要计算均值和标准差）。

- class 表示该列应该解释为实例的类别（学习的目标）。

Pima 印第安人糖尿病数据集的格式字符串为：

"num   num   num   num   num   num   num   num   class"

为计算均值和样本标准差，我们在训练阶段将需要一些临时的数据结构。下面再考察一小段 Pima 数据集：

```
3   78   50   32   88   31.0   0.248   26   1
4   111  72   47   207  37.1   1.390   56   1
1   189  60   23   846  30.1   0.398   59   1
2   142  82   18   64   24.7   0.761   21   0
1   81   72   18   40   26.6   0.283   24   0
0   100  88   60   110  46.8   0.962   31   0
```

最后一列表示每个实例的类别。因此，前 3 个人得了糖尿病，而后 3 个却没有。所有其他的列代表的都是数值型的属性，需要计算它们在每类下的均值和样本标准差。为了计算每类下每个属性的均值，我将需要记录运行过程中每个属性的值的总和。在已有代码中，我们已经记录了实例的总数，下面可以利用字典来记录属性值的总和：

```
totals    {'1': {1: 8, 2: 378, 3: 182, 4: 102, 5: 1141,
                6: 98.2, 7: 2.036, 8: 141},
          {'0': {1: 3, 2: 323, 3: 242, 4: 96, 5: 214,
                6: 98.1, 7: 2.006, 8: 76}
```

于是，对于类别 1，第 1 列的总和为 3+4+1=8，第 2 列的总和为 378，等等。

对于类别 0，第 1 列的总和为 2+1+0=3，第 2 列的总和为 323，等等。

而对于标准差而言，我们也要记录原始的数据，为此我们将使用一部如下形式的字典：

```
numericValues
        {'1': 1: [3, 4, 1], 2: [78, 111, 189], ...},
        {'0': {1: [2, 1, 0], 2: [142, 81, 100]}
```

我已经在下面给出的 Classifier 类的 __init__( )方法中加入了临时数据结构的构建代码：

```python
import math

class Classifier:
    def __init__(self, bucketPrefix, testBucketNumber, dataFormat):
        
        """ a classifier will be built from files with the bucketPrefix
        excluding the file with textBucketNumber. dataFormat is a string that
        describes how to interpret each line of the data files. For example,
        for the iHealth data the format is:
        "attr    attr    attr    attr    class"
        """
        total = 0
        classes = {}
        # counts used for attributes that are not numeric
        counts = {}
        # totals used for attributes that are numereric
        # we will use these to compute the mean and sample standard deviation
        # for  each attribute - class pair.
        totals = {}
        numericValues = {}
        
        # reading the data in from the file
        self.format = dataFormat.strip().split('\t')
        #
        self.prior = {}
        self.conditional = {}
        
        # for each of the buckets numbered 1 through 10:
        for i in range(1, 11):
            # if it is not the bucket we should ignore, read in the data
            if i != testBucketNumber:
                filename = "%s-%02i" % (bucketPrefix, i)
                f = open(filename)
        lines = f.readlines()
        f.close()
        for line in lines:
            fields = line.strip().split('\t')
            ignore = []
            vector = []
            nums = []
            for i in range(len(fields)):
                if self.format[i] == 'num':
                    nums.append(float(fields[i]))
                elif self.format[i] == 'attr':
                    vector.append(fields[i])
                elif self.format[i] == 'comment':
                    ignore.append(fields[i])
```

```python
            elif self.format[i] == 'class':
                category = fields[i]
        # now process this instance
        total += 1
        classes.setdefault(category, 0)
        counts.setdefault(category, {})
        totals.setdefault(category, {})
        numericValues.setdefault(category, {})
        classes[category] += 1
        # now process each non-numeric attribute of the instance
        col = 0
        for columnValue in vector:
            col += 1
            counts[category].setdefault(col, {})
            counts[category][col].setdefault(columnValue, 0)
            counts[category][col][columnValue] += 1
        # process numeric attributes
        col = 0
        for columnValue in nums:
            col += 1
            totals[category].setdefault(col, 0)
            #totals[category][col].setdefault(columnValue, 0)
            totals[category][col] += columnValue
            numericValues[category].setdefault(col, [])
            numericValues[category][col].append(columnValue)
    #
    # ok done counting. now compute probabilities
    # first prior probabilities p(h)
    #
    for (category, count) in classes.items():
        self.prior[category] = count / total
    #
    # now compute conditional probabilities p(h|D)
    #
    for (category, columns) in counts.items():
         self.conditional.setdefault(category, {})
         for (col, valueCounts) in columns.items():
             self.conditional[category].setdefault(col, {})
             for (attrValue, count) in valueCounts.items():
                 self.conditional[category][col][attrValue] = (
                     count / classes[category])
    self.tmp =  counts
    #
    # now compute mean and sample standard deviation
    #
```

编程题

请从 guidetodatamining.com 下载 naiveBayesDensityFunctionTraining.py 文件，然后加入均值和标准差计算的代码。

你的代码必须要产生 ssd 和 means 数据结构：

```
c = Classifier("pimaSmall/pimaSmall",  1,
               "num num    num    num    num    num    num    num    class")
>> c.ssd
{'0': {1: 2.54694671925252, 2: 23.454755259159146,  ...},
 '1': {1: 4.21137914295475, 2: 29.52281872377408,}}
>>> c.means
{'0': {1: 2.8867924528301887, 2: 111.90566037735849,  ...},
 '1': {1: 5.25, 2: 146.05555555555554, ...}}
```

编程题——解答

这里给出了我的代码：

```python
#
# now compute mean and sample standard deviation
#
self.means = {}
self.ssd = {}
self.totals = totals
for (category, columns) in totals.items():
    self.means.setdefault(category, {})
    for (col, cTotal) in columns.items():
        self.means[category][col] = cTotal / classes[category]
# standard deviation

for (category, columns) in numericValues.items():

    self.ssd.setdefault(category, {})
    for (col, values) in columns.items():
        SumOfSquareDifferences = 0
        theMean = self.means[category][col]
        for value in values:
            SumOfSquareDifferences += (value - theMean)**2
        columns[col] = 0
        self.ssd[category][col] = math.sqrt(SumOfSquareDifferences
                                / (classes[category]  - 1))
```

本书网站的 naiveBayesDensityFunctionTrainingSolution.py 文件包含上述解答的代码。

编程题

请修改 classify 方法以便能够对数值型属性使用概率密度函数，待修改的文件为 naiveBayesDensityFunctionTemplate.py，下面给出了原始的 classify 方法。

```python
def classify(self, itemVector, numVector):
    """Return class we think item Vector is in"""
    results = []
    sqrt2pi = math.sqrt(2 * math.pi)
    for (category, prior) in self.prior.items():
        prob = prior
        col = 1
        for attrValue in itemVector:
            if not attrValue in self.conditional[category][col]:
                # we did not find any instances of this attribute value
                # occurring with this category so prob = 0
                prob = 0
            else:
                prob = prob * self.conditional[category][col][attrValue]
            col += 1
    # return the category with the highest probability
    #print(results)
    return(max(results)[1])
```

编程题——解答

请修改 classify 方法以便能够对数值型属性使用概率密度函数，待修改的文件为 naiveBayesDensityFunctionTemplate.py。

解答：

```python
def classify(self, itemVector, numVector):
    """Return class we think item Vector is in"""
    results = []
    sqrt2pi = math.sqrt(2 * math.pi)
    for (category, prior) in self.prior.items():
        prob = prior
        col = 1
        for attrValue in itemVector:
            if not attrValue in self.conditional[category][col]:
                # we did not find any instances of this attribute value
                # occurring with this category so prob = 0
                prob = 0
            else:
                prob = prob * self.conditional[category][col][attrValue]
            col += 1
        col = 1
        for x in  numVector:
            mean = self.means[category][col]
            ssd = self.ssd[category][col]
            ePart = math.pow(math.e, -(x - mean)**2/(2*ssd**2))
            prob = prob * ((1.0 / (sqrt2pi*ssd)) * ePart)
            col += 1
        results.append((prob, category))
    # return the category with the highest probability
    #print(results)
    return(max(results)[1])
```

这种做法会比近邻算法好吗

在第 5 章中我们评估了 kNN 算法在 Pima 及其某个子集上的效果，结果如下：

	pimaSmall	pima
k=1	59.00%	71.247%
k=3	61.00%	72.519%

而在上述两个数据集上使用朴素贝叶斯的结果如下:

	pimaSmall	pima
贝叶斯	72.000%	77.354%

Kappa值为0.4875,一致性适中!

因此,对于本例而言,朴素贝叶斯的效果比 kNN 的更好。

贝叶斯的优点:
- 实现简单(只是简单的计数)。
- 和其他方法相比需要的训练数据更少。
- 如果需要一个性能较好并且性能好的次数较多的方法时,贝叶斯是一个好方法。

贝叶斯的主要缺点:

不能学到特征之间的相互作用。例如,无法学到这样的结果,我喜欢奶酪食品也喜欢米制食品,但是不喜欢奶酪加米制的食品。

kNN 的优点：	kNN
• 实现简单。 • 不用假设数据有特定的结构，这是一件好事情！ • 需要大量内存来存储训练集。	当训练集很大时 kNN 是一个合理的选择。kNN 广泛用于大量其他领域，包括推荐系统、蛋白组学（研究生物体的整个蛋白组）、蛋白质之间的相互作用分析以及图像分类等。

使得我们能够将概率相乘的原因在于这些概率代表的事件都是独立的。例如，考虑投硬币和掷骰子的游戏，事件之间相互独立意味着骰子掷出来的点数与硬币投出来的正反面毫无关系。并且，正如刚才所说，如果事件之间相互独立的话，就可以通过将单独的事件概率相乘来得到联合概率（即多个事件同时出现的概率）。因此，投出的硬币朝上同时制出的骰子为 6 点的概率为：

$$P(heads \wedge 6) = P(heads) \times P(6) = 0.5 \times \frac{1}{6} = 0.08333$$

假设有一副牌（去掉大小王），保留所有的黑色牌（26 张）以及红色花牌（6 张）后得到 32 张牌。那么从中选出花牌的概率为：

$$P(facecard) = \frac{12}{32} = 0.375$$

而选出一张红色牌的概率为：

$$P(red) = \frac{6}{32} = 0.1875$$

那么选出一张红色花牌的概率是多少呢？这里我们不会对概率直接相乘，即不会用下列式子计算：

$$P(red \wedge facecard) = P(red) \times P(facecard) = 0.375 \times 0.185 = 0.0703$$

下面给出基于常识的推理过程。选出红色牌的概率是 0.1875，但是如果选出的是红色牌，那么它 100% 是花牌。因此，看起来选出一张红色花牌的概率是 0.1875。

或者我们可以用另外一种方式来推导。选择花牌的概率为 0.375，而在这副牌当中有一半花牌是红色的。因此，选出一张红色花牌的概率是 0.375× 0.5=0.1875。

这个例子中我们不能直接将两个概率相乘，这是因为这里的属性之间并不是独立的，如果选出的是红色牌，那么花色牌的分布概率就会改变，反之亦然。

在许多的（如果不是绝大多数的）真实数据挖掘问题中，很多属性之间都不是独立的。

> 考虑运动员数据。我们给出的是体重和身高两个属性，这两个属性之间不是独立的。长得越高，重的可能性也越大。

> 假定属性包括邮政编码、收入和年龄，它们之间也不是独立的。某些邮政编码对应的地区有很多豪宅，而有些地区则只有活动住房区。Palo Alto 的地区住的可能主要是不到 20 岁的年轻人，而 Arizona 则主要居住年纪较大的退休人员。

> 考虑音乐的属性，比如 amount of distorted guitar（取值 1-5 之间）、amount of classical violin sound。很多这类属性之间不是相互独立的。如果 distorted guitar 较多的话，那么 classical violin sound 的可能性就会降低。

> 假设有一个血液测试的结果数据集。很多值之间都不是独立的。例如，有多个甲状腺测试，包括免费的 T4 和 TSH。这两个测试的值之间呈反比关系。

读者也可以考虑自己遇到的例子。例如，考虑汽车的属性。它们之间是否独立？电影的属性呢？Amazon 购物行为呢？

因此，贝叶斯要有效工作需要使用相互独立的属性，但是大部分实际问题都不满足这个条件。我们要做的就只是假设它们之间独立！我们用了魔术棒将事情隐藏起来从而忽略该问题。之所以称朴素贝叶斯是因为尽管我们知道不成立但是我们仍然很朴素地很原始地（naively）假设属性之间是独立的。事实证明，尽管有朴素假设的存在，朴素贝叶斯的效果实际真的不错。

> ### 编程题
>
> 在其他数据集上运行朴素贝叶斯代码。例如，kNN 算法在汽车 MPG 数据上的精确率为 53%，朴素贝叶斯能否取得更好的结果？
>
> tenfold("mpgData/mpgData", "class attr num num num num comment")
>
> ?????

第 7 章
Chapter 7

朴素贝叶斯及文本——非结构化文本分类

前面的各章中,我们考察了带显式评级信息的推荐系统,这些显式信息包括星级(比如 Phoenix 的五星标记)、点赞/点差(电影 Inception—点赞!)以及数值评分等。我们也考察了诸如用户行为的隐式信息,如是否购买某件商品、是否点击某个链接等。我们也考察了利用身高、体重以及对某项具体法案的投票行为等属性的分类系统。在所有这些例子中,数据库中的信息可以很容易表示成表格形式。

age	glucose level	blood pressure	diabetes?
26	78	50	1
56	111	72	1
23	81	78	0

mpg	cylinders	HP	sec. 0-60
30	4	68	19.5
45	4	48	21.7
20	8	130	12

这种类型的数据称为"结构化数据"(structured data),即可以通过一系列属性(例如,某个表格的一行可能是利用 mpg、气缸数目等属性来描述的汽车)来描述的实例(上述表格中的每行)。而非结构化数据(unstructured data)包括邮件、推文、博文、新闻报道等对象。这些数据看上去(至少一眼看上去)并不能很清晰地通过表格来描述。

例如,假设我们对确定电影的好坏感兴趣并希望通过分析推文(tweets)实现这一点:

作为说英语的人,我们可以看到 Andy Gavin 喜欢 *Gravity*,这是因为他说 "puts the thrill back in thriller" 以及 "good acting"。而 Debra Murphy 可能对该影片不是很感兴趣,因为她

说"save your $$$"。如果有人写道"I wanna see Gravity sooo bad, we should all go see it!!!",那么虽然他用了 bad 这个词,但是他可能喜欢该影片。

假设我在本地食品合作社看到一个称为 Chobani Greek Yogurt 的食品。看上去该食品不错,但是到底好不好呢?我拿出 iPhone,在 Google 上搜索相关内容,并在某篇博文"Woman Does Not Live on Bread Alone"上发现了如下信息:

Chobani nonfat greek yogurt.

Have you ever had greek yogurt? If not, stop reading, gather your keys (and a coat if you live in New York) and get to your local grocery. Even when nonfat and plain, greek yogurt is so thick and creamy, I feel guilty whenever I eat it. It is definitely what yogurt is MEANT to be. The plain flavor is tart and fantastic. Those who can have it, try the honey version. There's no sugar, but a bit of honey for a taste of sweetness (or add your own local honey-- local honey is good for allergies!). I must admit, even though I'm not technically supposed to have honey, if I've had a bad day, and just desperately need sweetness, I add a teaspoon of honey to my yogurt, and it's SO worth it. The fruit flavors from Chobani all have sugar in them, but fruit is simply unnecessary with this delicious yogurt. If your grocery doesn't carry the Chobani brand, Fage (pronounced Fa-yeh) is a well known, and equally delicious brand.

Now, for Greek yogurt, you will pay about 50 cents to a dollar more, and there are about 20 more calories in each serving. But it's worth it, to me, to not feel deprived and saddened over an afternoon snack!

http://womandoesnotliveonbreadalone.blogspot.com/2009/03/sugar-free-yogurt-reviews.html

那么上述评论对于 Chobani 到底是正面的还是负面的？即使只根据第二句 If not, stop reading, gather your keys … and get to your local grocery store 来看，评论是正面的。作者对于香料用了 fantastic 来描述，而对酸奶则用了 delicious。看起来我应该去买一瓶回来试试。我很快就会回来……

一个文本正负倾向性的自动判定系统

约翰，看起来这是一篇有关 Gravity 的正面推文！

设想有一个自动的系统,它能够读入文本并确定其针对产品的正负倾向性。为什么需要这样的系统呢?假设有一家出售健康监测仪的公司,他们想知道人们对其产品的看法。到底大部分人给的是正面评价还是负面评价?于是,他们对新产品发起广告活动。人们喜欢这款产品(Man, I sooo want this!)还是不喜欢(looks like crap)。Apple对于iPhone的问题有一个新闻发布会,那么最终的媒体报道是否正面?某个参议院议员候选人发表了重要的政策演讲,那么政治类博客到底是支持他还是反对他?因此,自动系统确实听起来很有用。

假设我想建立一个能够判断某个用户是否喜欢某些食品的系统。我们一开始可能会想到,可以建立一个反映用户喜欢产品的词表以及另一个反映用户不喜欢产品的词表。

'Like' words:
delicious
tasty
good
love
smooth

'Dislike' words:
awful
bland
bad
hate
gritty

如果想确定某个具体评论员是否喜欢Chobani酸奶的话,我们可以只对"喜欢"类和"不喜欢"类的词进行计数即可。我们可以根据两类词的多少进行分类。这种思路也可以用于其他分类任务中。比如,如果我们想确定某人支持堕胎还是反对堕胎,可以基于他们所用的词和短语来判定。如果他们使用短语"unborn child"的话,那么有很大的可能性他们是反对堕胎的;而如果他们使用"fetus",则更可能支持堕胎。利用词的出现来对文本分类,这一点并不意外。

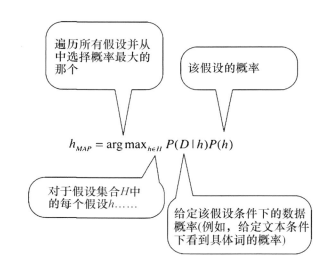

我们将使用上一章中介绍的朴素贝叶斯方法。首先有一个训练数据集，由于现在感兴趣的是非结构化文本，因此这里的数据集称为训练语料库（training corpus）。语料库中的每条记录即使只是一段 140 个字符的推文，也被称为一篇文档（document）。每个文档都标注了类别。因此，我们可能拥有的是对电影进行评论的推文语料库。每条推文被标识为正面或负面评论，然后利用该标注文档集训练分类器。上述公式中的 $P(h)$ 就是这些标签的概率。如果训练集中有 1000 篇文档，其中 500 篇为正面评论，500 篇为负面评论，那么

$P(\textit{favorable}) = 0.5$ $\qquad$ $P(\textit{unfavorable}) = 0.5$

好了,回到公式:

$$h_{MAP} = \arg\max_{h \in H} P(D|h)P(h)$$

下面考察公式的 P(D|h) 部分,P(D|h)是看到某个证据的概率,即给定假设 h 看到数据 D 的概率。要使用的数据 D 是文本中的词。一种方法可以从文档的第一句开始,比如 Puts theThrill back in Thriller,然后计算一篇正面文档以 Puts 开始的概率,以 the 为开始第二个词的概率,以 Thrill 为第三个词的概率,等等。然后计算一篇负面文档以 Puts 开始的概率,以 the 为开始第二个词的概率,等等。

哎呀,这么多概率需要计算使得上述做法不可行。但是幸运的是,有更好的方法。我们

通过将文档看成无序词袋（bag of words）从而对上述做法进行简化。现在我们要回答的问题不再是正面文档中第三个词为 thrill 的概率是什么，而是 thrill 出现在正面文档中的概率是什么。下面给出了这些概率的计算过程。

训练阶段

首先，要确定词汇表的大小，即所有文档当中独立的单词个数（包括正面文档和负面文档）。因此，举例来说，即使 the 可能在训练语料库中出现几千次，它在词汇表中也只存在一次。令

$$|Vocabulary|$$

表示词汇表中的词数。下面，对于词汇表中的每个词 w_k，我们将计算给定每条假设时该词的出现概率 $P(w_k|h_i)$。

下面给出了计算过程。对于每条假设而言（这里就是喜欢、不喜欢两种假设情况）：

1. 将标识为同一假设的文档合并成一个文本文件；
2. 计算词在该文件中的出现次数。这一次，如果 the 出现了 500 次，则计成 500 次，该数目记为 n；
3. 对于词汇表中的每个词 w_k，计算其在文本中的出现次数，记为 n_k；
4. 对词汇表中的每个词 w_k，计算

$$P(w_k|h_i) = \frac{n_k+1}{n+|Vocabulary|}$$

朴素贝叶斯分类阶段

一旦完成训练，就可以利用前面介绍过的如下公式来对文档进行分类：

$$h_{MAP} = \arg\max_{h \in H} P(D|h)P(h)$$

假设训练语料库包含 500 条正面推文评论和 500 条负面推文评论。因此有：

$$P(like) = 0.5 \qquad P(dislike) = 0.5$$

训练之后得到的概率如下：

word	P(word|like)	P(word|dislike)
am	0.007	0.009
by	0.012	0.012
good	0.002	0.0005
gravity	0.00001	0.00001
great	0.003	0.0007
hype	0.0007	0.002
I	0.01	0.01
over	0.005	0.0047
stunned	0.0009	0.002
the	0.047	0.0465

下面如何进行分类？电影《地心引力》(Gravity) 的大肆宣传让我不知所措。

我们将计算

$P(like) \times P(I \mid like) \times P(am \mid like) \times P(stunned \mid like) \times \ldots$

和

$P(dislike) \times P(I \mid dislike) \times P(am \mid dislike) \times P(stunned \mid dislike) \times \ldots$

然后选择具有更高概率的假设。

word	P(word|like)	P(word|dislike)
	P(like) = 0.5	P(dislike) =0.05
I	0.01	0.01
am	0.007	0.009
stunned	0.0009	0.002
by	0.012	0.012
the	0.047	0.0465
hype	0.0007	0.002
over	0.005	0.0047
gravity	0.00001	0.00001
∏	6.22E-22	4.72E-21

因此，下列概率为：

like　　0.000000000000000000000622

dislike　0.00000000000000000000004720

不喜欢的概率大于喜欢的概率，因此该推文归为负面评论。

> 记住：e 记号表示需要移动的小数点位数。如果该数字为正，将小数点往右移动，为负则将小数点向左移动。因此有：
> 　　1.23e-1 = 0.123
> 　　1.23e-2 = 0.0123
> 　　1.23e-3 = 0.00123
> 　　等等。

第 7 章 朴素贝叶斯及文本——非结构化文本分类

下面给出了上述问题的一个示例。假设有一篇 100 词的文档,每个词的平均概率为 0.001（像 tell、reported、average、morning 和 am 之类的词的概率就大概是 0.001），如果将这些概率相乘的话,在 Python 中会得到 0：

```
>>> 0.0001**100
0.0
```

但是,如果将这些概率的对数值相加,结果不会为 0：

```
>>> import math
>>> p = 0
>>> for i in range(100):
        p += math.log(0.0001)

>>> p
-921.034037197617
```

> 如果读者忘记了 $b^n = x$
>
> 某个数（如上面的 x）以某值为底的对数（log）作为幂,再对相同的底求幂的结果等于原来的数（即 x）。例如,假设底为 10 的话,有 $\log_{10}(1000)=3$,因为 $1000=10^3$。
>
> Python 中的 log 函数的底是数学常数 e,我们实际并不需要知道 e 是什么。我们感兴趣的就是：
>
> 1. 对数能压缩数字的取值范围（利用对数可以在 Python 中表示更小的

数），例如

$$0.0000001 \times 0.000005 = 0.000000000005,$$

利用对数来表示就是：

$$-16.11809 + (-9.90348) = -26.02157$$

2. 我们不是将概率相乘，而是将概率的对数相加（如上所示）。

Newsgroup 语料库

首先考察上述算法在一个标准参考语料库 Newsgroup 上的应用。该数据由来自 20 个不同新闻组的帖子组成：

comp.graphics	misc.forsale	soc.religion.christian	alt.atheism
comp.os.ms-windows-misc	rec.autos	talk.politics.guns	sci.space
comp.sys.ibm.pc.hardware	rec.motorcycles	talk.politics.mideast	sci.crypt
comp.sys.mac.hardware	rec.sport.baseball	talk.politics.misc	sci.electronics
comp.windows.x	rec.sport.hockey	talk.religion.misc	sci.med

我们想构建一个分类器来正确判断帖子出自哪个新闻组。例如，我们想将下面这个帖子分到 rec.motorcycles 这个组。

```
From: essbaum@rchland.vnet.ibm.com
(Alexander Essbaum)
Subject: Re: Mail order response time
Disclaimer: This posting represents the poster's
views, not necessarily those of IBM
Nntp-Posting-Host: relva.rchland.ibm.com
Organization: IBM Rochester
Lines: 18
> I have ordered many times from Competition
> accesories and ussually get 2-3 day delivery.

ordered 2 fork seals and 2 guide bushings from
CA for my FZR. two weeks later get 2 fork seals
and 1 guide bushing. call CA and ask for
remaining *guide* bushing and order 2 *slide*
bushings (explain on the phone which bushings
are which; the guy seemed to understand). two
weeks later get 2 guide bushings.

*sigh*

how much you wanna bet that once i get ALL the
parts and take the fork apart that some parts
won't fit?
```

注意其中的拼写错误（accesories 和 ussually），这对分类器可能是个挑战！

该数据可以从 http://qwone.com/~jason/20Newsgroups/（我们使用的是 20news=bydate 数据集）获得，也可以从本书网站 http://guidetodatamining.com 下载。整个数据集包含 18846 篇文档，已经分成训练集（整个数据集的 60%）和测试集。训练集和测试集分别放在单独的目录下。每个目录下又有子目录分别代表每个新闻组。这些子目录下存放了一些分开的文档，每篇文档分别代表该新闻组的一个帖子。

扔掉一些垃圾！

在编码实现之前，先对该任务进行更加深入的思考。

女士们、先生们，在主要阶段……只基于文本中的词，我们将试图判定帖子所来自的新闻组。

例如，我们想构建一个分类器能将下面的帖子判为来自新闻组 rec.motorcycle：

> I am looking at buying a Dual Sport type motorcycle. This is my first cycle as well. I am interested in any experiences people have with the following motorcycles, good or bad.
>
> > Honda XR250L
> > Suzuki DR350S
> > Suzuki DR250ES
> > Yamaha XT350
>
> Most XXX vs. YYY articles I have seen in magazines pit the Honda XR650L against another cycle, and the 650 always comes out shining. Is it safe to assume that the 250 would be of equal quality ?

下面考虑到底哪些词可能会在分类任务中有用：

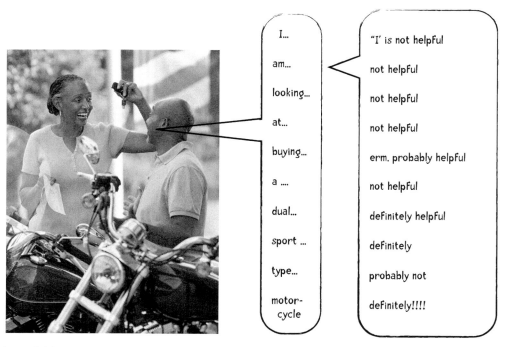

如果去掉英语中前 200 个使用最频繁的词之后，我们的文档看起来就是下面这个样子：

去掉这些词之后文本的大小可能会减少一半。此外，看起来去掉这些词并不会影响我们对文本进行分类的能力。实际上，数据挖掘人员将这些词称为无内容的词，或者说无价值的词。H. P. Luhn 在他的原创性论文 *The automatic creation of literature abstracts* 中指出，这些词太普遍以致于在查找时没有重要性，它们在系统中扮演"噪音"的角色。噪音的说法十分有趣，因为它暗示着如果去掉这些词会导致性能的提高。这些去掉的词称为"停用词"，我们会有一张停用词表，并在预处理阶段从文本中去掉这些词。之所以去掉这些词是因为①这会减少我们的处理量。②这不会对系统的性能有负面影响，而噪音的提法还意味着去掉它们之后会提高性能。

> I am looking at buying a Dual Sport type motorcycle. This is my first cycle as well. I am interested in any experiences people have with the following motorcycles, good or bad.
>
> Honda XR250L
> Suzuki DR350S
> Suzuki DR250ES
> Yamaha XT350
>
> Most XXX vs. YYY articles I have seen in magazines pit the Honda XR650L against another cycle, and the 650 always comes out shining. Is it safe to assume that the 250 would be of equal quality?

常见词 vs. 停用词

像"the"、"a"之类的常见词可能在分类中不起作用，但是像"work"、"write"、"school"之类的常见词根据分类任务的不同可能会对分类有作用。当构建停用词表时，往往不会将那些可能有用的常见词考虑在内。读者可以将停用词表和 Web 上的频繁词表进行对比以发现它们的不同。

对立观点：去除停用词的危害性

狂妄的家伙，你不能去掉这些常见词！

去除停用词可能在某些场合下有用，但是不能不假思索就自动去掉这些词。例如，事实表明，只使用最频繁的词而去掉剩余的词（即与上面的做法完全相反的技术）就能够提供足够的信息来判定阿拉伯语文档的写作地（到底是埃及、苏丹、利比亚、叙利亚还是英国？如果对此感兴趣的话，可以阅读我和我在新墨西哥州立大学的同事合作的论文 *Linguistic Dumpster Diving: Geographical Classification of Arabic Text*，该论文可以从我的主页 http://zacharski.org 下载）。在考察在线聊天信息时，性犯罪者会比一般人更多使用 I、me、you 这类的词语。当你的任务是识别这些性犯罪者时，去掉这些高频词最终会损害分类的性能。

不要盲目地去掉停用词，先想一想。

用 Python 编码实现

首先考虑编码实现朴素贝叶斯分类器的训练部分。回顾一下，训练集的格式如下：

```
20news-bydate-train
    alt.atheism
        text file 1 for alt.atheism
        text file 2
        …
        text file n
    comp.graphics
        text file 1 for comp.graphics
        ...
```

因此存在一个目录（本例中称为"20news-bydate-train"），在此目录下有多个分别代表不同类别的子目录（本例中有 alt.atheism、comp.graphics 等）。这些子

目录的名称正好等于类别的名字。测试目录的组织方式与上面类似。因此，为了匹配上述结构，训练的 Python 代码必须要知道训练目录（例如，/Users/raz/Downloads/20news-bydate/20news-bydate-train/）。训练代码的大致框架如下。

BayesText 类

1. 初始化方法

    a. 读入停用词表中的词。

    b. 读取训练目录来获取子目录的名字（这些名字不仅是子目录的名字，也是类别的名称）。

    c. 对每个子目录，调用 train 方法来计算该目录下所有文件中的单词出现数目。

    d. 利用如下公式计算概率。

    $$P(w_k \mid h_i) = \frac{n_k + 1}{n + |Vocabulary|}$$

再次提醒，所有的代码都可以从本书网站 **guidetodatamining.com** 下载。

```
from __future__ import print_function
import os, codecs, math

class BayesText:

    def __init__(self, trainingdir, stopwordlist):
        """This class implements a naive Bayes approach to text
        classification
        trainingdir is the training data. Each subdirectory of
        trainingdir is titled with the name of the classification
        category -- those subdirectories in turn contain the text
        files for that category.
        The stopwordlist is a list of words (one per line) will be
        removed before any counting takes place.
        """
        self.vocabulary = {}
```

```python
            self.prob = {}
            self.totals = {}
            self.stopwords = {}
            f = open(stopwordlist)
            for line in f:
                self.stopwords[line.strip()] = 1
            f.close()
            categories = os.listdir(trainingdir)
            #filter out files that are not directories
            self.categories = [filename for filename in categories
                               if os.path.isdir(trainingdir + filename)]
            print("Counting ...")
            for category in self.categories:
                print('    ' + category)
                (self.prob[category],
                 self.totals[category]) = self.train(trainingdir, category)
            # I am going to eliminate any word in the vocabulary
            # that doesn't occur at least 3 times
            toDelete = []
            for word in self.vocabulary:
                if self.vocabulary[word] < 3:
                    # mark word for deletion
                    # can't delete now because you can't delete
                    # from a list you are currently iterating over
                    toDelete.append(word)
            # now delete
            for word in toDelete:
                del self.vocabulary[word]
            # now compute probabilities
            vocabLength = len(self.vocabulary)
            print("Computing probabilities:")
            for category in self.categories:
                print('    ' + category)
                denominator = self.totals[category] + vocabLength
                for word in self.vocabulary:
                    if word in self.prob[category]:
                        count = self.prob[category][word]
                    else:
                        count = 1
                    self.prob[category][word] = (float(count + 1)
                                                 / denominator)
            print ("DONE TRAINING\n\n")


    def train(self, trainingdir, category):
        """counts word occurrences for a particular category"""
        currentdir = trainingdir + category
        files = os.listdir(currentdir)
        counts = {}
        total = 0
```

```
    for file in files:
        #print(currentdir + '/' + file)
        f = codecs.open(currentdir + '/' + file, 'r', 'iso8859-1')
        for line in f:
            tokens = line.split()
            for token in tokens:
                # get rid of punctuation and lowercase token
                token = token.strip('\'".,?:-')
                token = token.lower()
                if token != '' and not token in self.stopwords:
                    self.vocabulary.setdefault(token, 0)
                    self.vocabulary[token] += 1
                    counts.setdefault(token, 0)
                    counts[token] += 1
                    total += 1
        f.close()
    return(counts, total)
```

训练阶段的结果存在一部称为 prob 的字典（哈希表）中。字典的键是不同的类别（comp.graphics、rec.motorcycles、soc.religion.christian 等），值又是一部部的字典。这些子字典的键是词，而值为这些词的概率。下面给出了一个示例：

```
bT = BayesText(trainingDir, stoplistfile)
>>>bT.prob["rec.motorcycles"]["god"]
0.00013035445075435553
>>>bT.prob["soc.religion.christian"]["god"]
0.004258192391884386
>>>bT.prob["rec.motorcycles"]["the"]
0.028422937849264914
>>>bT.prob["soc.religion.christian"]["the"]
0.039953678998362795
```

因此，举例来说，词"god"在 rec.motorcycles 类文本中存在的概率是 0.00013（即在每 10000 个词中 god 出现 1 次）。而"god"在 soc.religion.christian 类文本中出现的概率是 0.00424（每 250 个词中出现 1 次）。

训练过程也会生成一个称为 categories 的列表，正如预期的那样，它只是所有类别的一个简单列表：

```
['alt.atheism', 'comp.graphics', 'comp.os.ms-windows.misc',
 'comp.sys.ibm.pc.hardware', ...]
```

这就是训练过程，下面转向文档的分类过程。

编程题

编码实现一个能够预测文档类别的 classify 方法。例如：

```
>>> bT.classify("20news-bydate-test/rec.motorcycles/104673")
'rec.motorcycles'
>>> bT.classify("20news-bydate-test/sci.med/59246")
'sci.med'
>>> bT.classify("20news-bydate-test/soc.religion.christian/21424")
'soc.religion.christian'
```

如上所示，classify 方法的输入为一个文件名，返回一个代表类别的字符串。

读者可以从本书网站下载并使用一个 Python 文件模板 bayesText-ClassifyTemplate.py。

```python
class BayesText:

    def __init__(self, trainingdir, stopwordlist):
        self.vocabulary = {}
        self.prob = {}
        self.totals = {}
        self.stopwords = {}
        f = open(stopwordlist)
        for line in f:
            self.stopwords[line.strip()] = 1
        f.close()
        categories = os.listdir(trainingdir)
        #filter out files that are not directories
        self.categories = [filename for filename in categories
                           if os.path.isdir(trainingdir +
filename)]
        print("Counting ...")
        for category in self.categories:
            print('    ' + category)
            (self.prob[category],
             self.totals[category]) = self.train(trainingdir,
category)
        # I am going to eliminate any word in the vocabulary
```

编程题—— 一种可能的解答

```python
def classify(self, filename):
    results = {}
    for category in self.categories:
        results[category] = 0
    f = codecs.open(filename, 'r', 'iso8859-1')
    for line in f:
        tokens = line.split()
        for token in tokens:
            token = token.strip('\'".,?:-').lower()
            if token in self.vocabulary:
                for category in self.categories:
                    if self.prob[category][token] == 0:
                        print("%s %s" % (category, token))
                    results[category] += math.log(
                        self.prob[category][token])
    f.close()
    results = list(results.items())
    results.sort(key=lambda tuple: tuple[1], reverse=True)
    # for debugging I can change this to give me the entire list
    return results[0][0]
```

最后，假设我们已经有了一个方法，可以对测试目录下的所有文档进行分类并输出方法的精确率百分比。

```python
def testCategory(self, directory, category):
    files = os.listdir(directory)
    total = 0
    correct = 0
    for file in files:
        total += 1
        result = self.classify(directory + file)
        if result == category:
            correct += 1
    return (correct, total)

def test(self, testdir):
    """Test all files in the test directory--that directory is
    organized into subdirectories--each subdir is a classification
    category"""
    categories = os.listdir(testdir)
    #filter out files that are not directories
    categories = [filename for filename in categories if
```

```
                        os.path.isdir(testdir + filename)]
    correct = 0
    total = 0
    for category in categories:
        (catCorrect, catTotal) = self.testCategory(
            testdir + correct += catCorrect
        total += catTotal
    print("Accuracy is  %f%%  (%i test instances)" %
        ((float(correct) / total) * 100, total))
```

在使用空停用词表的情况下运行上述代码，有：

DONE TRAINING

Running Test ...

....

Accuracy is   77.774827%   (7532 test instances)

编程题

能不能用几个停用词表分别运行上述分类器？运行之后性能是不是有所提高？哪种情况下精确率最高（读者需要在 Web 上寻找这些停用词表）？

第 7 章 朴素贝叶斯及文本——非结构化文本分类

停用词表大小	精 确 率
0	77.774827%
停用词表 1 的大小	
停用词表 2 的大小	

编程题—— 一些结果

我从地址 http://nlp.stanford.edu/IR-book/html/htmledition/dropping-common-terms-stop-words-1.html 得到一个 25 词的停用词表，从 http://www.ranks.nl/resources/stopwords.html 得到一个 174 词的停用词表（这些停用词表从本书网站可以下载）。

下面给出了利用这些停用词表后的分类结果：

停用词表大小	精 确 率
0	77.774827%
25	78.757302%
174	79.938927%

因此在本例当中，相对于无停用词表而言，看上去使用 174 个词的停用词表会提高大约 2%的精确率，这与你的结果一致吗？

朴素贝叶斯以及情感分析

情感分析的目标是确定作者的态度或看法。

一种常见的情感分析是确定某条评论的极性（正向或负向），我们可以使用一个朴素贝叶斯分类器来完成这个任务。我们可以通过在论文（Pang,Lee, 2004）中首次使用的极性电影评论数据集[①]来构建分类器。该数据集包含 1000 条正面评论和 1000 条负面评论。下面给出了其中的一些例子：

the second serial-killer thriller of the month is just awful . oh , it starts deceptively okay , with a handful of intriguing characters and some solid location work . ...

when i first heard that romeo & juliet had been " updated " i shuddered . i thought that yet another of shakespeare's classics had been destroyed .
fortunately , i was wrong . baz luhrman has directed an " in your face " , and visually

读者可以从地址 http://www.cs.cornell.edu/People/pabo/movie-review-data/ 下载原始数据集。我将该数据集分成了 10 部分，目录结构如下：

---

① Pang, Bo and Lillian Lee. 2004. A sentimental education: Sentiment analysis using subjectivity summarization based on minimum cuts. Proceedings of ACL.

```
review_polarity_buckets
    txt_sentoken
        neg
            0
                files in fold 0
            1
                files in fold 1
            ...
            9
                files in fold 9
        pos
            0
                files in fold 0
            ...
```

重组之后的数据集可以从本书网站下载。

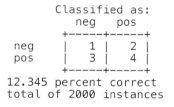
编程题

请对朴素贝叶斯分类器的代码进行修改以便能够在上述数据集上进行 10 折交叉验证。输入结果大致如下。

```
          Classified as:
            neg    pos
          +-----+-----+
   neg    |  1  |  2  |
   pos    |  3  |  4  |
          +-----+-----+
12.345 percent correct
total of 2000 instances
```

并计算 kappa 系数。

免责声明

阅读本书成为数据挖掘专家的可能性不会比阅读钢琴书成为钢琴演奏高手的可能性更大。你需要不断实践！

一名正在练习勃拉姆斯钢琴曲的女士

熟能生巧

编程题——我的结果

下面是我取得的结果。

```
        Classified as:
          neg    pos
        +-----+-----+
   neg  | 845 | 155 |
   pos  | 222 | 778 |
        +-----+-----+

81.150 percent correct
total of 2000 instances
```

kappa 系数计算如下：

$$\kappa = \frac{P(c) - P(r)}{1 - P(r)} = \frac{.8115 - 0.5}{1 - 0.5} = \frac{.3115}{.5} = 0.623$$

因此，算法在本数据集上取得了较好的结果。

后面将会给出我的代码！

再次提醒，该代码可以从本书网站 http://guidetodatamining.com/ 下载。

```python
from __future__ import print_function
import os, codecs, math

class BayesText:

    def __init__(self, trainingdir, stopwordlist, ignoreBucket):
        """This class implements a naive Bayes approach to text
        classification
        trainingdir is the training data. Each subdirectory of
        trainingdir is titled with the name of the classification
        category -- those subdirectories in turn contain the text
        files for that category.
        The stopwordlist is a list of words (one per line) will be
        removed before any counting takes place.
        """
        self.vocabulary = {}
        self.prob = {}
        self.totals = {}
        self.stopwords = {}
        f = open(stopwordlist)
        for line in f:
            self.stopwords[line.strip()] = 1
        f.close()
        categories = os.listdir(trainingdir)
        #filter out files that are not directories
        self.categories = [filename for filename in categories
                           if os.path.isdir(trainingdir + filename)]
        print("Counting ...")
        for category in self.categories:
            #print('    ' + category)
            (self.prob[category],
             self.totals[category]) = self.train(trainingdir, category,
```

```python
                                                ignoreBucket)
        # I am going to eliminate any word in the vocabulary
        # that doesn't occur at least 3 times
        toDelete = []
        for word in self.vocabulary:
            if self.vocabulary[word] < 3:
                # mark word for deletion
                # can't delete now because you can't delete
                # from a list you are currently iterating over
                toDelete.append(word)
        # now delete
        for word in toDelete:
            del self.vocabulary[word]
        # now compute probabilities
        vocabLength = len(self.vocabulary)
        #print("Computing probabilities:")
        for category in self.categories:
            #print('    ' + category)
            denominator = self.totals[category] + vocabLength
            for word in self.vocabulary:
                if word in self.prob[category]:
                    count = self.prob[category][word]
                else:
                    count = 1
                self.prob[category][word] = (float(count + 1)
                                             / denominator)
        #print ("DONE TRAINING\n\n")


    def train(self, trainingdir, category, bucketNumberToIgnore):
        """counts word occurrences for a particular category"""
        ignore = "%i" % bucketNumberToIgnore
        currentdir = trainingdir + category
        directories = os.listdir(currentdir)
        counts = {}
        total = 0
        for directory in directories:
            if directory != ignore:
                currentBucket = trainingdir + category + "/" +  \
                                directory
                files = os.listdir(currentBucket)
                #print("   " + currentBucket)
                for file in files:
```

```python
                    f = codecs.open(currentBucket + '/' + file, 'r',
                                    'iso8859-1')
                    for line in f:
                        tokens = line.split()
                        for token in tokens:
                            # get rid of punctuation
                            # and lowercase token
                            token = token.strip('\'".,?:-')
                            token = token.lower()
                            if token != '' and not token in \
                                self.stopwords:
                                self.vocabulary.setdefault(token, 0)
                                self.vocabulary[token] += 1
                                counts.setdefault(token, 0)
                                counts[token] += 1
                                total += 1
                    f.close()
        return(counts, total)


    def classify(self, filename):
        results = {}
        for category in self.categories:
            results[category] = 0
        f = codecs.open(filename, 'r', 'iso8859-1')
        for line in f:
            tokens = line.split()
            for token in tokens:
                #print(token)
                token = token.strip('\'".,?:-').lower()
                if token in self.vocabulary:
                    for category in self.categories:
                        if self.prob[category][token] == 0:
                            print("%s %s" % (category, token))
                        results[category] += math.log(
                            self.prob[category][token])
        f.close()
        results = list(results.items())
        results.sort(key=lambda tuple: tuple[1], reverse = True)
        # for debugging I can change this to give me the entire list
        return results[0][0]

    def testCategory(self, direc, category, bucketNumber):
        results = {}
        directory = direc + ("%i/" % bucketNumber)
```

```python
            #print("Testing " + directory)
            files = os.listdir(directory)
            total = 0
            correct = 0
            for file in files:
                total += 1
                result = self.classify(directory + file)
                results.setdefault(result, 0)
                results[result] += 1
                #if result == category:
                #              correct += 1
        return results

    def test(self, testdir, bucketNumber):
        """Test all files in the test directory--that directory is
        organized into subdirectories--each subdir is a classification
        category"""
        results = {}
        categories = os.listdir(testdir)
        #filter out files that are not directories
        categories = [filename for filename in categories if
                      os.path.isdir(testdir + filename)]
        correct = 0
        total = 0
        for category in categories:
            #print(".", end="")
            results[category] = self.testCategory(
                testdir + category + '/', category, bucketNumber)
        return results

def tenfold(dataPrefix, stoplist):
    results = {}
    for i in range(0,10):
        bT = BayesText(dataPrefix, stoplist, i)
        r = bT.test(theDir, i)
        for (key, value) in r.items():
            results.setdefault(key, {})
            for (ckey, cvalue) in value.items():
                results[key].setdefault(ckey, 0)
                results[key][ckey] += cvalue
                categories = list(results.keys())
    categories.sort()
    print(   "\n       Classified as: ")
    header =    "        "
    subheader = "      +"
    for category in categories:
```

```
            header += "% 2s    " % category
            subheader += "-----+"
    print (header)
    print (subheader)
    total = 0.0
    correct = 0.0
    for category in categories:
        row = " %s    |" % category
        for c2 in categories:
            if c2 in results[category]:
                count = results[category][c2]
            else:
                count = 0
            row += " %3i |" % count
            total += count
            if c2 == category:
                correct += count
        print(row)
    print(subheader)
    print("\n%5.3f percent correct" %((correct * 100) / total))
    print("total of %i instances" % total)

# change these to match your directory structure
theDir = "/Users/raz/Downloads/review_polarity_buckets/txt_sentoken/"
stoplistfile = "/Users/raz/Downloads/20news-bydate/stopwords25.txt"
tenfold(theDir, stoplistfile)
```

第 8 章
Chapter 8

聚类——群组发现

前面的章节中，我们已经开发了分类系统。在这些系统中，我们可以在一个带标签的样本集合上训练一个分类器。

训练分类器之后，就可以使用它来对新的样本打标签：比如，这个人看上去像一个篮球运动员，而那个人则像一个体操运动员，另外一个人 3 年内不太可能得糖尿病，等等。换句话说，该分类器从训练阶段所习得的标签集合中选择一个标签，即它知道新样本可能属于的标签。

上述任务称为聚类（clustering）。

系统基于某种相似度计算方法将一系列实例划分为簇（cluster，或称类簇）或组。两类主要的聚类算法如下。

k-means 聚类（k-means clustering）

这种类型的聚类方法需要告诉算法最后聚成的簇的数目。比如，将这 1000 人聚成 5 组，将这些 Web 网页聚成 15 组，等等。这些方法称为 k-means（k-均值）聚类算法，我们会在稍后进行介绍。

层次聚类（hierarchical clustering）

这种类型的聚类方法不需要指定最终聚成的簇的数目。取而代之的是，算法一开始将每个实例看成一个簇。然后在算法的每次迭代中都将最相似的两个簇合并在一起。该过程不断重复直到只剩下一个簇为止。该方法称为层次聚类，其名字也很有意义。算法最终终止于单个簇，该簇由两个子簇构成。而其中的每个子簇又由两个更小的子簇构成，如此可以循环下去。

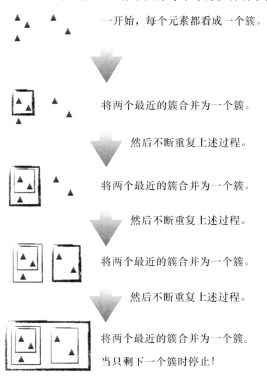

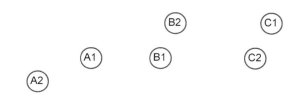

我们再次提到，每一次算法迭代中都将两个最近的簇进行合并。为确定"最近的簇"，我们使用一个距离公式。但是，在选择两个簇的距离计算方法时我们有多个选择，每种选择会导致不同的聚类方法。考虑下面给出的 3 个簇 A、B、C，其中每个簇都包含两个成员。那么到底哪两个簇应该先合并？是 A 和 B，还是 C 和 B？

单连接聚类（Single-linkage clustering）

在单连接聚类方法中，我们将两个簇的距离定义为一个簇的所有成员到另一个簇的所有成员之间最短的那个距离。在这种定义下，簇 A 和簇 B 的距离就是 A1 到 B1 的距离，这是因为此时它比 A1 到 B2、A2 到 B1 以及 A2 到 B2 的距离都要短。在单连接聚类中，簇 A 到簇 B 的距离要比簇 C 到簇 B 的距离更近，因此会将 A 和 B 先合并成一个新的簇。

全连接聚类（Complete-linkage clustering）

在全连接聚类中，我们将两个簇的距离定义为一个簇的所有成员到另一个簇的所有成员之间最长的那个距离。在这种定义下，簇 A 和簇 B 的距离就是 A2 到 B2 的距离。在全连接聚类中，簇 C 到簇 B 要比簇 A 到簇 B 的距离更近，因此会将 B 和 C 先合并成一个新的簇。

好主意，我们通过狗的身高和体重来对它们的品种进行聚类吧！

平均连接聚类（Average-linkage clustering）

在平均连接聚类中，我们将两个簇的距离定义为一个簇的所有成员到另一个簇的所有成员之间的平均距离。在上面的例子中，看起来簇 C 和簇 B 的平均距离要比簇 A 和簇 B 的平均距离短，因此会将 B 和 C 先合并成一个新的簇。

breed	height (inches)	weight (pounds)
Border Collie	20	45
Boston Terrier	16	20
Brittany Spaniel	18	35
Bullmastiff	27	120
Chihuahua	8	8
German Shepherd	25	78
Golden Retriever	23	70
Great Dane	32	160
Portuguese Water Dog	21	50
Standard Poodle	19	65
Yorkshire Terrier	6	7

嘘，我觉得我们似乎忘了什么。在计算距离之前我们是不是要做点什么？

对，归一化！

我们先将上述表格中的数字转换为修改后的标准得分。

下面将计算品种之间的欧氏距离！

breed	height	weight
Border Collie	0	-0.1455
Boston Terrier	-0.7213	-0.873
Brittany Spaniel	-0.3607	-0.4365
Bullmastiff	1.2623	2.03704
Chihuahua	-2.1639	-1.2222
German Shepherd	0.9016	0.81481
Golden Retriever	0.541	0.58201
Great Dane	2.16393	3.20106
Portuguese Water Dog	0.1803	0
Standard Poodle	-0.1803	0.43651
Yorkshire Terrier	-2.525	-1.25132

计算出的欧氏距离如下表所示(将一些最短距离进行了标红)

	BT	BS	B	C	GS	GR	GD	PWD	SP	YT
Border Collie	1.024	0.463	2.521	2.417	1.317	0.907	3.985	0.232	0.609	2.756
Boston Terrier		0.566	3.522	1.484	2.342	1.926	4.992	1.255	1.417	1.843
Brittany Spaniel			2.959	1.967	1.777	1.360	4.428	0.695	0.891	2.312
Bullmastiff				4.729	1.274	1.624	1.472	2.307	2.155	5.015
Chihuahua					3.681	3.251	6.188	2.644	2.586	0.362
German Shphrd						0.429	2.700	1.088	1.146	4.001
Golden Retriever							3.081	0.685	0.736	3,572
Great Dane								3.766	3.625	6.466
Portuguese WD									0.566	2.980
Standard Poodle										2.889

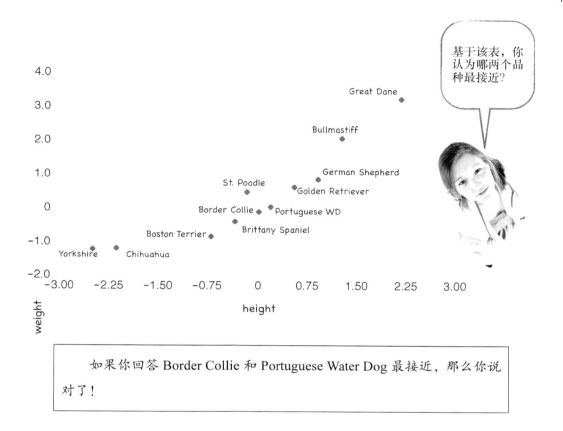

算法流程如下

第 1 步：

一开始,每个品种都自成一簇。我们从中找到最近的两个簇将它们合并为一个簇。从前面的表中可以看到,最近的两个簇是 Border Collie 和 Portuguese Water Dog(距离为 0.232),因此将它们合并。

```
Border Collie
Portuguese WD
```

第 2 步：

寻找最近的两个簇,将它们合并为一个簇。从表中可以看到,此时最近的两个簇为

Chihuahua 和 the Yorkshire Terrier（距离为 0.362），于是将它们两个合并。

```
Chihuahua      ┐
               ├─┐
Yorkshire T.   ┘

Border Collie  ┐
               ├─┐
Portuguese WD  ┘
```

第 3 步：

重复上述过程，这次合并的簇是 German Shepherd 和 Golden Retriever。

```
Chihuahua         ┐
                  ├─┐
Yorkshire T.      ┘

German Shphrd     ┐
                  ├─┐
Golden Retriever  ┘

Border Collie     ┐
                  ├─┐
Portuguese WD     ┘
```

第 4 步：

重复上述过程。从上表中可以看到，最近的是 Border Collie 和 Brittany Spaniel，而在第一步中 Border Collie 已经和 Portuguese Water Dog 合并为一个簇。因此，这次将这个簇和 Brittany Spaniel 进行合并。

```
Chihuahua         ┐
                  ├─┐
Yorkshire T.      ┘

German Shphrd     ┐
                  ├─┐
Golden Retriever  ┘

Border Collie     ┐
                  ├─┐
Portuguese WD     ┤ │
                  │ │
Brittany Spaniel  ┘
```

> 这种图称为树状图，通过树的形状来表示各个簇。

继续下去，有：

```
Chihuahua        ┐
Yorkshire T.     ┘
German Shphrd    ┐
Golden Retriever ┘
Border Collie    ┐
Portuguese WD    ┤
Brittany Spaniel ┤
Boston Terrier   ┘
```

 习题

完成上述狗品种数据的聚类。为辅助作者完成该任务，在本章网页下有一个排好序的狗品种之间的距离列表，地址为：http://guidetodatamining.com/guide/ch8/dogDistanceSorted.txt。

```
Chihuahua        ┐
Yorkshire T.     ┘
German Shphrd    ┐
Golden Retriever ┘
Border Collie    ┐
Portuguese WD    ┤
Brittany Spaniel ┤
Boston Terrier   ┘
```

习题——解答

完成上述狗品种数据的聚类。为辅助作者完成该任务,在本章网页下有一个排好序的狗品种之间的距离列表,地址为:http://guidetodatamining.com/guide/ch8/dogDistanceSorted.txt。

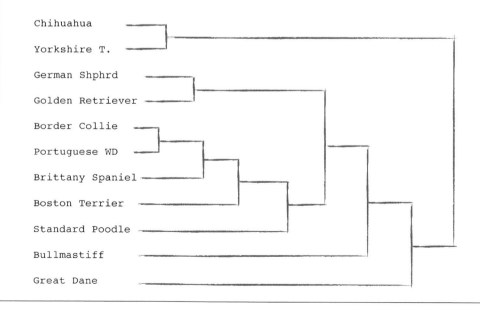

编程实现一个层次聚类算法

要编程实现一个聚类器，可以使用优先级队列(即堆)!

能帮我回顾一下什么是优先级队列吗?

当然可以! 一个常规队列中，元素的进出次序是一样的。

假设将表示人的年龄和姓名的元组放到某个队列中去。首先将表示Moa的元组放入队列中，然后是表示Suzuka的元组，最后是表示Yui的元组。当从队列中取元素时，首先得到的是表示Moa的元组，然后是表示Suzuka的元组，最后是表示Yui的元组!

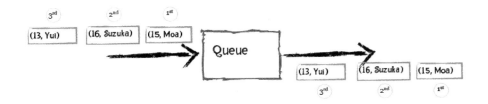

而在一个优先级队列中，每个放到队列中的元素都有个关联的权重。元素的取出次序基于这些权重。高权重的元素会在低权重的元素之前取出。在上述示例数据中，假设人越年轻，优先级越高。

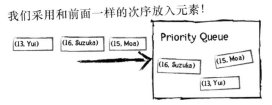

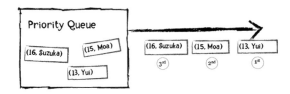

下面看看通过 Python 如何来实现上述过程。

```
>>> from queue import PriorityQueue            # load the PriorityQueue library
>>> singersQueue = PriorityQueue()             # create a PriorityQueue called
                                               # singersQueue
>>> singersQueue.put((16, 'Suzuka Nakamoto'))  # put a few items in the queue
>>> singersQueue.put((15, 'Moa Kikuchi'))
>>> singersQueue.put((14, 'Yui Mizuno'))
>>> singersQueue.put((17, 'Ayaka Sasaki'))
>>> singersQueue.get()                         # The first item retrieved
(14, 'Yui Mizuno')                             # will be the youngest, Yui.
>>> singersQueue.get()
```

```
(15, 'Moa Kikuchi')
>>> singersQueue.get()
(16, 'Suzuka Nakamoto')
>>> singersQueue.get()
(17, 'Ayaka Sasaki')
```

对于层次聚类构建任务来说，我们会将簇放到优先级队列中，其中的优先级是到簇中最近邻的最短距离。针对上面的狗品种聚类例子，我们会将 Border Collie 放到队列当中，并记录其最近的邻居是 Portuguese Water Dog，距离为 0.232。我们会将其他品种相似的队列信息放到队列中。

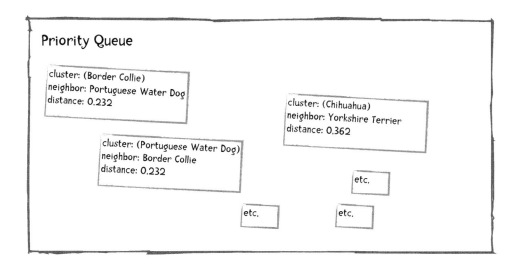

我们将具有最短距离的对象取出来，以确保我们获得了一对匹配对象。上例中，这两个对象分别是 Border Collie 和 Portuguese Water Dog。接下来，我们将两个簇合并为一个簇。上例中，我们会创建一个 Border Collie-Portuguese Water Dog 簇，并将该簇放到队列中。

上述过程反复进行直到队列中只剩下一个簇为止。放到队列当中的实际元素会比本例中使用的元素稍微复杂一些。因此下面对本例进行更深入的考察。

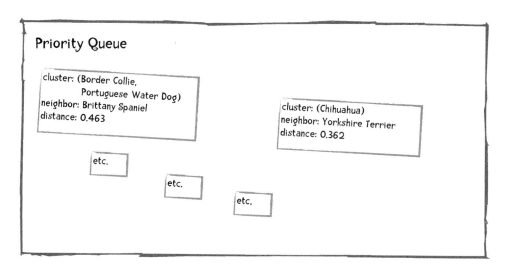

从文件中读入数据

数据会在一个 CSV（comma separated values，逗号隔开的值）文件中，其中第一列是实例的名称，其他列为各种属性的值。文件的第一行为描述这些属性的头信息：

```
breed,height (inches),weight (pounds)
Border Collie,20,45
Boston Terrier,16,20
Brittany Spaniel,18,35
Bullmastiff,27,120
Chihuahua,8,8
German Shepherd,25,78
Golden Retriever,23,70
Great Dane,32,160
Portuguese Water Dog,21,50
Standard Poodle,19,65
Yorkshire Terrier,6,7
```

文件中的数据会被读入到一个称为 data（这个名称不算很意外）的列表（list）中，data 列表通过列来保存信息。因此，data[0] 是一个包含狗品种名字的列表，其中 data[0][0] 是字符串 'Border Collie'，data[0][1] 是 'Boston Terrier'，其余依此类推。data[1] 包含的是身高值，而 data[2] 是体重列表。除了第一列之外，其他的所有数据都转换为浮点数。比如，data[1][0] 为浮点数 20.0，而 data[2][0]为浮点数 45。数据读入之后，就做归一化处理。在算法描述中，我将使用术语"下标"（index）来表示实例的行号（比如，Border Collie 的下标是 0，Boston Terrier 的下标为是 1，Yorkshire Terrier 的下标是 10）。

对优先级队列进行初始化

算法一开始，要将每个品种的元素放入队列。考虑 Border Collie 所对应的元素。首先，我们计算 Border Collie 到所有其他品种的距离并将这些信息放入一部 Python 字典中：

{1: ((0, 1), 1.0244), Border Collie（下标为 0）和 Boston Terrier（下标为 1）的距离是 1.0244

2: ((0, 2), 0.463)，Border Collie 和 Brittany Spaniel 的距离是 0.463

...

10: ((0, 10), 2.756)} Border Collie 和 Yorkshire Terrier 的距离是 2.756

我们也将记录 Border Collie 的最近邻及其到该最近邻的距离：

closest distance: 0.232
nearest pair: (0, 8)

Border Collie（下标为 0）的最近邻是 Portuguese Water Dog（下标为 8），反之亦然。

等距问题以及元组中的信息

在前面的表格中你或许注意到，Portuguese Water Dog 到 Standard Poodle 的距离与 Boston Terrier 到 Brittany Spaniel 的距离一样，都是 0.566。如果基于距离从优先级队列中返回元素的话，有可能同时返回 Standard Poodle 和 Boston Terrier 然后将它们加入到簇中，这样做会出现错误。为避免这种错误，我们将使用参加距离计算的两个品种的下标（基于 data 列表）所构成的元组。比如，在我们的数据中 Portuguese Water Dog 的下标为 8，而 Standard Poodle 的下标为 9，因此该元组为（8,9）。该元组会添加到最近邻列表中。于是，Poodle 的最近邻信息为：

['Portuguese Water Dog', 0.566, (8,9)]

而 Portuguese Water Dog 的最近邻信息为：

```
['Standard Poodle', 0.566, (8,9)]
```

通过使用该元组信息，当从队列中返回元素时，可以了解是否存在匹配对。

等距中需要考虑的另一个问题

当几页之前介绍 Python 优先级队列时，我将代表日本偶像剧演员年龄和名字的元组插入到队列中。这些元素可以基于年龄来检索。但是如果有些元组中的年龄相等（即相同优先级）时该怎么办？我们尝试一下：

```
>>> singersQueue.put((15,'Suzuka Nakamoto'))
>>> singersQueue.put((15,'Moa Kikuchi'))
>>> singersQueue.put((15, 'Yui Mizuno'))
>>> singersQueue.put((15, 'Avaka Sasaki'))
>>> singersQueue.put((12, 'Megumi Okada'))
>>> singersQueue.get()
(12, 'Megumi Okada')
>>> singersQueue.get()
(15, 'Avaka Sasaki')
>>> singersQueue.get()
(15, 'Moa Kikuchi')
>>> singersQueue.get()
(15, 'Suzuka Nakamoto')
>>> singersQueue.get()
(15, 'Yui Mizuno')
>>>
```

你会看到，如果元组的第一项匹配上的话，Python 会使用下一项来打破僵局。在所有 15 岁的样例当中，元素按照第二项即人的名字来返回。并且由于这些名字都是字符串，它们按照字母顺序排序。因此，Avaka Sasaki 对应的元素会先于 Moa Kikuchi 取出，而 Moa 又会先于 Suzuka，而 Suzuka 又会先于 Yui 取出。

在前面层次聚类的例子中，我们使用品种之间的距离作为主优先级。为了解决等距问题我们会使用下标信息。放入队列的第一个元素的下标为 0，第二个元素的下标为 1，第三个元素的下标为 2，其余依此类推。加入到队列中的完整元素信息形式如下：

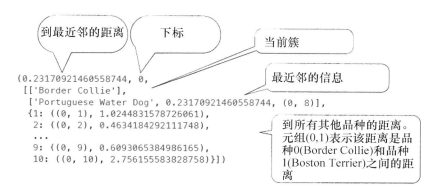

通过将类似上述形式的一个元素放入到优先级队列中从而实现队列的初始化。

重复下列过程直到只有一个簇为止

我们从队列中取出两个元素，将它们合并为一个簇，并将该簇放入队列。在上面那个狗品种的例子中，我们分别有 Border Collie 和 Portuguese Water Dog 对应的元素，于是可以创建队列：

`['Border Collie', 'Portuguese Water Dog']`

接下来计算这个新簇到除该簇品种之外的所有品种的距离。我们可以通过如下方式合并两个初始簇的距离字典来实现这一点。假设从队列中取出的第一个元素的距离字典为 distanceDict1，从队列中取出的第二个元素的距离字典为 distanceDict2，而为新簇构建的距离字典为 newDistanceDict。

```
Initialize newDistanceDict to an empty dictionary
for each key, value pair in distanceDict1:
  if there is an entry in distanceDict2 with that key:
    if the distance for that entry in distanceDict1 is
      shorter than that in distanceDict2:
        place the distanceDict1 entry in newDistanceDict
    else:
        place the distanceDict1 entry in newDistanceDict
```

将 newDistanceDict 初始化为空字典

对字典 distanceDict1 中的每个键-值对：

    如果在 distanceDict2 中有对应该键的元素：

        如果该元素在 distanceDict1 中的距离比在 distanceDict2 中的距离更短：

将该 distanceDict1 中的元素放入 newDistanceDict；

否则：

将 distanceDict2 中的元素放入 newDistanceDict。

键	**Border Collie Distance List** 中的值	**Portuguese Water Dog Distance List** 中的值	新簇 **Distance List** 中的值
0	-	((0, 8), 0.2317092146055)	-
1	((0, 1), 1.02448315787260)	((1, 8), 1.25503395239308)	((0, 1), 1.02448315787260)
2	((0, 2), 0.46341842921117)	((2, 8), 0.69512764381676)	(0, 2), 0.46341842921117)
3	((0, 3), 2.52128307411504)	((3, 8), 2.3065500082408)	((3, 8), 2.3065500082408)
4	((0, 4), 2.41700998092941)	((4, 8), 2.643745991701)	((0, 4), 2.41700998092941)
5	((0, 5), 1.31725590972761)	((5, 8), 1.088215707936)	((5, 8), 1.088215707936)
6	((0, 6), 0.90660838225252)	((6, 8), 0.684696194462)	((6, 8), 0.684696194462)
7	((0, 7), 3.98523295438990)	((7, 8), 3.765829069545)	((7, 8), 3.765829069545)
8	((0, 8), 0.23170921460558)	-	-
9	((0, 9), 0.60930653849861)	((8, 9), 0.566225873458)	((8, 9), 0.566225873458)
10	((0, 10), 2.7561555838287)	((8, 10), 2.980333906137)	((0, 10), 2.7561555838287)

合并 Border Collie 和 Portuguese Water Dog 之后得到的完整元素信息为：

```
(0.4634184292111748, 11, [('Border Collie', 'Portuguese Water Dog'),
 [2, 0.4634184292111748, (0, 2)],
 {1: ((0, 1), 1.0244831578726061), 2: ((0, 2), 0.4634184292111748),
  3: ((3, 8), 2.306550008240866), 4: ((0, 4), 2.4170099809294157),
  5: ((5, 8), 1.0882157079364436), 6: ((6, 8), 0.6846961944627522),
  7: ((7, 8), 3.7658290695451373), 9: ((8, 9), 0.5662258734585477),
  10: ((0, 10), 2.756155583828758)}])
```

编码实现

请用 Python 实现上述算法。

为辅助读者完成该项任务，在本书网站上有一个叫做 hierarchicalClusterer Template.py 的 Python 文件（http://guidetodatamining.com/ guide/pg2dm-python/ch8/ hierarchicalClusterer Template.py），该文件可以提供一个很好的地点。读者需要做的是以下事情。

1. 完成初始化代码。

对数据中的每个元素：

（1）计算该元素到所有其他元素的欧氏距离，并像上面介绍的那样构建一部 Python 字典；

（2）寻找最近邻；

（3）将该元素信息放入队列。

2. 实现一个聚类方法，该方法会反复执行。

（1）从队列中返回最高的两个元素；

（2）合并这两个元素；

（3）将新簇放到队列中，直到队列中只剩下一个簇为止。

习题——解答

> 记住，这只是我的解答，并非一定是最佳的解答。读者可以自己完成一个更好地解答。

```python
from queue import PriorityQueue
import math


"""
Example code for hierarchical clustering
"""

def getMedian(alist):
    """get median value of list alist"""
    tmp = list(alist)
    tmp.sort()
    alen = len(tmp)
    if (alen % 2) == 1:
        return tmp[alen // 2]
    else:
        return (tmp[alen // 2] + tmp[(alen // 2) - 1]) / 2


def normalizeColumn(column):
    """Normalize column using Modified Standard Score"""
    median = getMedian(column)
    asd = sum([abs(x - median) for x in column]) / len(column)
    result = [(x - median) / asd for x in column]
    return result

class hClusterer:
    """ this clusterer assumes that the first column of the data is a label
    not used in the clustering. The other columns contain numeric data"""

    def __init__(self, filename):
        file = open(filename)
        self.data = {}
        self.counter = 0
        self.queue = PriorityQueue()
        lines = file.readlines()
        file.close()
        header = lines[0].split(',')
        self.cols = len(header)
        self.data = [[] for i in range(len(header))]
        for line in lines[1:]:
            cells = line.split(',')
            toggle = 0
            for cell in range(self.cols):
                if toggle == 0:
                   self.data[cell].append(cells[cell])
                   toggle = 1
                else:
                    self.data[cell].append(float(cells[cell]))
        # now normalize number columns (that is, skip the first column)
        for i in range(1, self.cols):
            self.data[i] = normalizeColumn(self.data[i])

        ###
        ###  I have read in the data and normalized the
```

```
###    columns. Now for each element i in the data, I am going to
###       1. compute the Euclidean Distance from element i to all the
###          other elements.  This data will be placed in neighbors,
###          which is a Python dictionary. Let's say i = 1, and I am
###          computing the distance to the neighbor j and let's say j
###          is 2. The neighbors dictionary for i will look like
###          {2: ((1,2), 1.23),  3: ((1, 3), 2.3)... }
###
###       2. find the closest neighbor
###
###       3. place the element on a priority queue, called simply queue,
###          based on the distance to the nearest neighbor (and a counter
###          used to break ties.



# now push distances on queue
rows = len(self.data[0])

for i in range(rows):
    minDistance = 99999
    nearestNeighbor = 0
    neighbors = {}
    for j in range(rows):
        if i != j:
            dist = self.distance(i, j)
            if i < j:
                pair = (i,j)
            else:
                pair = (j,i)
            neighbors[j] = (pair, dist)
                if dist < minDistance:
                    minDistance = dist
                    nearestNeighbor = j
                    nearestNum = j
    # create nearest Pair
    if i < nearestNeighbor:
        nearestPair = (i, nearestNeighbor)
    else:
        nearestPair = (nearestNeighbor, i)

    # put instance on priority queue
    self.queue.put((minDistance, self.counter,
                   [[self.data[0][i]], nearestPair, neighbors]))
    self.counter += 1


def distance(self, i, j):
    sumSquares = 0
    for k in range(1, self.cols):
        sumSquares += (self.data[k][i] - self.data[k][j])**2
    return math.sqrt(sumSquares)



def cluster(self):
```

```python
        done = False
        while not done:
            topOne = self.queue.get()
            nearestPair = topOne[2][1]
            if not self.queue.empty():
                nextOne = self.queue.get()
                nearPair = nextOne[2][1]
                tmp = []
                ##
                ##  I have just popped two elements off the queue,
                ##  topOne and nextOne. I need to check whether nextOne
                ##  is topOne's nearest neighbor and vice versa.
                ##  If not, I will pop another element off the queue
                ##  until I find topOne's nearest neighbor. That is what
                ##  this while loop does.
                ##

                while nearPair != nearestPair:
                    tmp.append((nextOne[0], self.counter, nextOne[2]))
                    self.counter += 1
                    nextOne = self.queue.get()
                    nearPair = nextOne[2][1]
                ##
                ## this for loop pushes the elements I popped off in the
                ## above while loop.
                ##
                for item in tmp:
                    self.queue.put(item)

                if len(topOne[2][0]) == 1:
                   item1 = topOne[2][0][0]
                else:
                    item1 = topOne[2][0]
                if len(nextOne[2][0]) == 1:
                   item2 = nextOne[2][0][0]
                else:
                    item2 = nextOne[2][0]
                ##  curCluster is, perhaps obviously, the new cluster
                ##  which combines cluster item1 with cluster item2.
                curCluster = (item1, item2)

                ## Now I am doing two things. First, finding the nearest
                ## neighbor to this new cluster. Second, building a new
                ## neighbors list by merging the neighbors lists of item1
                ## and item2. If the distance between item1 and element 23
                ## is 2 and the distance betweeen item2 and element 23 is 4
                ## the distance between element 23 and the new cluster will
                ## be 2 (i.e., the shortest distance).
                ##

                minDistance = 99999
                nearestPair = ()
                nearestNeighbor = ''
                merged = {}
                nNeighbors = nextOne[2][2]
                for (key, value) in topOne[2][2].items():
```

```python
                    if key in nNeighbors:
                        if nNeighbors[key][1] < value[1]:
                            dist =  nNeighbors[key]
                        else:
                            dist = value
                        if dist[1] < minDistance:
                            minDistance =  dist[1]
                            nearestPair = dist[0]
                            nearestNeighbor = key
                        merged[key] = dist
            if merged == {}:
                return curCluster
            else:
                self.queue.put( (minDistance, self.counter,
                                 [curCluster, nearestPair, merged]))
                self.counter += 1
    def printDendrogram(T, sep=3):
        """Print dendrogram of a binary tree.  Each tree node is represented by a
        length-2 tuple. printDendrogram is written and provided by David Eppstein
        2002. Accessed on 14 April 2014:
        http://code.activestate.com/recipes/139422-dendrogram-drawing/ """

        def isPair(T):
            return type(T) == tuple and len(T) == 2

        def maxHeight(T):
            if isPair(T):
                h = max(maxHeight(T[0]), maxHeight(T[1]))
            else:
                h = len(str(T))
            return h + sep

        activeLevels = {}

        def traverse(T, h, isFirst):
            if isPair(T):
                traverse(T[0], h-sep, 1)
                s = [' ']*(h-sep)
                s.append('|')
            else:
                s = list(str(T))
                s.append(' ')

            while len(s) < h:
                s.append('-')

            if (isFirst >= 0):
                s.append('+')
                if isFirst:
                    activeLevels[h] = 1
                else:
                    del activeLevels[h]

            A = list(activeLevels)
            A.sort()
            for L in A:
```

```
            if len(s) < L:
                while len(s) < L:
                    s.append(' ')
            s.append('|')

    print (''.join(s))

    if isPair(T):
        traverse(T[1], h-sep, 0)

traverse(T, maxHeight(T), -1)
```

```
filename = '//Users/raz/Dropbox/guide/pg2dm-python/ch8/dogs.csv'
 n
hg = hClusterer(filename)
cluster = hg.cluster()
printDendrogram(cluster)
```

我运行上述程序的结果如下：

```
Chihuahua ------------------------------+
                                        |--+
Yorkshire Terrier ----------------------+  |
                                           |--
Great Dane -----------------------------+  |
                                        |--+
Bullmastiff ------------------------+---+
                                    |
German Shepherd ----------------+   |
                                |--+|
Golden Retriever ---------------+  ||
                                   |--+
Standard Poodle ---------------+   |
                               |--+
Boston Terrier ---------------+   |
                              |--+
Brittany Spaniel ---------+   |
                          |--+
Border Collie ---------+  |
                       |--+
Portuguese Water Dog --+
```

令人鼓舞的是，这和我们刚才手算的结果一样。

试试看

在本书的网站上,有一个文件包含了 77 种麦片早餐的营养成份信息,包括:

麦片的名字

每份的热量(单位:卡路里)

蛋白质(单位:克)

脂肪(单位:克)

钠(单位:毫克)

纤维素(单位:克)

碳水化合物(单位:克)

糖(单位:克)

钾(单位:毫克)

维生素(推荐的日摄入量的百分比)

能不能对上述数据进行层次聚类?

哪种麦片和 Trix 最相似?

哪种麦片和 Muesli Raisins&Almonds 最相似?

> 该数据集可以从卡内基梅隆大学(CMU)下载,地址为:http://lib.stat.cmu.edu/DASL/Datafiles/Cereals.html。

试试看——结果

在该数据集上运行聚类程序，我们只需要将文件 dogs.csv 改名为 cereal.csv。下面给出了一部分结果：

```
Mueslix Crispy Blend ----------------------------------------------------------+
                                                                               |--+
Muesli Raisins & Almonds -----------------------------------------------------+ |
                                                                              |--+
Muesli Peaches & Pecans ------------------------------------------------------+
...
Lucky Charms ---------+
                      |--+
Fruity Pebbles --+    |
                 |--+ |
Trix ------------+  | |
                    |--+
Cocoa Puffs -----+  |
                 |--+
Count Chocula ---+
```

Trix 和 Fruity Pebbles 最相似（我建议读者可以现在就跑出去各买一份确认一下）。而与 Muesli Raisins & Almonds 最接近的是 Muesli Peaches & Pecans，或许这一点并不意外。

层次聚类就是这样！相当容易！

介绍……

k-means 聚类

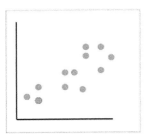

现在我们有一些实例需要聚成3组(k=3)。假设这些实例就是前面提到的不同的狗的品种，它们通过身高、体重用二维表示。

由于k=3，我们选择3个随机点作为每个簇的初始中心点(初始中心点意味着簇的初始中心或平均点)。

现在我们将3个初始中心分别标记为红、绿、蓝三个圆点。

好了。下面我们将每个实例分到离它最近的中心点去。分配给每个中心点的所有点构成一个簇。因此我们构建了k个初始簇！

现在，对每个簇而言，我们来计算它的平均点。这个点将作为更新后的中心点。

重复上述操作（即将每个实例分配到离它最近的中心点并更新中心点）直到中心不再变化太大或者达到某个设定的最大迭代次数时为止。

基本的 k-means 算法如下：

1．选择 k 个随机实例作为初始中心点；

2．REPEAT；

3．将每个实例分配给最近的中心点从而形成 k 个簇；

4．通过计算每个簇的平均点来更新中心点；

5．UNTIL 中心点不再改变或改变不大。

```
(1, 2)
(1, 4)
(2, 2)
(2, 3)
(4, 2)
(4, 4)
(5, 1)
(5, 3)
```

下面看一个例子。考虑下面的一些点（x 坐标和 y 坐标）：

假设我们将把上述点聚成两组。

第 1 步：选择 k 个随机实例作为初始中心点。

假设我们随机选择（1, 4）和（4, 2）分别作为初始中心点 1 和初始中心点 2。

第 3 步（上述算法中）：将每个实例分配给最近的中心点。

为将每个实例分配给最近的中心点，我们可以使用前面提到的任一距离计算方法。为简单起见，这里我们使用曼哈顿距离。

point	distance from centroid 1 (1, 4)	distance from centroid 2 (4, 2)
(1, 2)	2	3
(1, 4)	0	5
(2, 2)	3	2
(2, 3)	2	3
(4, 2)	5	0
(4, 4)	3	2
(5, 1)	7	2
(5, 3)	5	2

基于上述距离，可以将这些点分配到如下簇当中：

```
CLUSTER 1
(1, 2)
(1, 4)
(2, 3)
```

```
CLUSTER 2
(2, 2)
(4, 2)
(4, 4)
(5, 1)
(5, 3)
```

第 4 步：更新中心点。

通过计算每个簇的平均点可以得到新的中心点。簇 1 当中所有 x 坐标的平均值为：

(1 + 1 + 2) / 3 = 4/3 = 1.33

所有 y 坐标的平均值为：

(2 + 4 + 3) / 3 = 9/3 = 3

因此，簇 1 的新的中心点为（1.33, 3）。

簇 2 的新的中心点为（4, 2.4）。

第 5 步：直到中心点不变为止。

旧的中心点为（1, 4）和（4, 2），而新的中心点为（1.33, 3）和（4, 2.4）。中心点有变化，所以需要重复上述过程。

第 3 步：将每个实例分配给最近的中心点。

我们再次计算曼哈顿距离，如下：

point	distance from centroid 1 (1.33, 3)	distance from centroid 2 (4, 2.4)
(1, 2)	1.33	3.4
(1, 4)	1.33	4.6
(2, 2)	1.67	2.4
(2, 3)	0.67	2.6
(4, 2)	3.67	0.4
(4, 4)	3.67	1.6
(5, 1)	5.67	2.4
(5, 3)	3.67	1.6

基于上述距离可以将点分配到每个簇中，得到：

```
CLUSTER 1        CLUSTER 2
(1, 2)           (4, 2)
(1, 4)           (4, 4)
(2, 2)           (5, 1)
(2, 3)           (5, 3)
```

第 4 步：更新中心点。

通过计算每个簇的平均点来得到新的中心点：

簇 1 的中心点：（1.5, 2.75）

簇 2 的中心点：（4.5, 2.5）

第 5 步：直到中心点不变为止。

由于中心点有变化，因此继续重复上述过程。

第 3 步：将每个实例分配给最近的中心点。

我们再次计算曼哈顿距离，如下：

point	distance from centroid 1 (1.5, 2.75)	distance from centroid 2 (4.5, 2.5)
(1, 2)	1.25	4.0
(1, 4)	1.75	5.0
(2, 2)	1.25	3.0
(2, 3)	0.75	3.0
(4, 2)	3.25	1.0
(4, 4)	3.75	2.0
(5, 1)	5.25	2.0
(5, 3)	3.75	1.0

基于上述距离可以将点分配到每个簇中，得到：

```
CLUSTER 1        CLUSTER 2
(1, 2)           (4, 2)
(1, 4)           (4, 4)
(2, 2)           (5, 1)
(2, 3)           (5, 3)
```

第 4 步：更新中心点。

通过计算每个簇的平均点来得到新的中心点：

簇 1 的中心点：（1.5, 2.75）

簇 2 的中心点：（4.5, 2.5）

第 5 步：直到中心点不变为止。

更新后的中心点等于上一次的中心点，因此算法收敛，可以停止运算。最终的簇为：

```
CLUSTER 1        CLUSTER 2
(1, 2)           (4, 2)
(1, 4)           (4, 4)
(2, 2)           (5, 1)
(2, 3)           (5, 3)
```

上面的例子中，当中心点不再变化时停止迭代。这个终止条件也等价于所有点不再从一个簇移到另一个簇中。这也是我们所说的算法"收敛"的含义。

在算法执行过程中，中心点从初始位置变化到某个最终位置。大部分改变都发生在最初的几次迭代中。通常来说，最后几次迭代中中心点几乎不会改变。

这也意味着k-means算法在早期就能产生好的聚类结果，而后面的迭代可能只会进行一些小的优化。

> 由于算法的这种行为特点，我们可以将前面的终止条件"所有点不再从一个簇移到另一个簇"放松为"只有不到1%的点会从一个簇移到另一个簇"，从而显著降低算法的执行时间。这是一种常用的做法！

> k-means算法好简单！

对计算机科学的极客们来说：

k-means算法是期望最大化（Expectation Maximization，简称EM）算法的一个实例。EM算法不断在两个步骤之间迭代。我们一开始对某些参数进行初始估计，在k-means的情况下就是对中心点进行估计。在E步，利用该估计结果将点分配到期望的簇中。在M步，利用这些期望的结果来调整中心点的估计。如果对EM算法的学习感兴趣的话，其维基百科主页http://en.wikipedia.org/wiki/Expectation%E2%80%93maximization_algorithm就是个很好的起点。

爬山法

下面将暂时中断有关 k-means 算法的讨论，来谈谈有关爬山算法的问题。假设我们的目标是到达山顶，我们采用的算法如下：

从山的某个随机位置开始。
REPEAT
沿着更高的方向走一步。UNTIL 往任何方向走都不会更高。

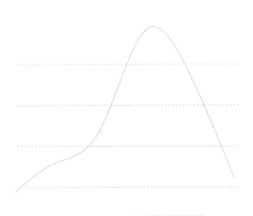

这个算法看上去十分合理。

考虑用上述算法来爬右边的这座山。

我们会发现，采用上述算法的话，不论出哪一点开始爬，都会到达山顶。

如果把上面的山看成一个图的话，那么不论从图的哪一点出发，都会到达图的最顶点。

接下来考虑在下面这个图上运行上述算法。

因此，上述简单的爬山算法无法保证会达到最优的结果。

k-means算法和上面的简单爬山法类似，不能保证最后能够找到最优的划分簇。为什么呢？

这是因为算法一开始我们选择的是随机中心点集合，这就像上图中选择A点一样。于是，基于初始集，我们的目标是寻找局部最优划分簇(就像上图的B点)。

最终的聚类结果严重依赖于初始中心点的选择。
即使这样，k-means算法仍然会产生相当不错的结果。

那怎么知道某个簇集合(数据的划分结果)优于另一个簇集合呢?

SSE 或散度

为度量某个簇集合的质量，我们使用误差平方和（sum of the squared error，简称 SSE）或者称为散度（scatter）的指标。其计算过程如下：对每个点，计算它到属于它的中心点之间的距离平方，然后将这些距离平方加起来求和。更形式化的表示如下：

$$SSE = \sum_{i=1}^{k} \sum_{x \in C_i} dist(c_i, x)^2$$

下面详细讨论这个公式。公式外层在不同簇之间求和。因此，一开始 i 等于簇 1，然后等于簇 2，一直到等于簇 k 为止。公式内部在当前簇的内部点之间求和，也就是说对簇 i 中的每个点 x 求和。Dist 代表的是我们用的距离计算函数，不管什么距离都可以（例如曼哈顿距离或欧氏距离）。因此，我们计算点 x 到簇 c_i 的中心点之间的距离，然后求平方加到总数上面。

假定我们在同一数据集上运行两次 k-means 算法，每次选择的随机初始点不同。那么是第一次还是第二次得到的结果更好呢？为回答这个问题，我们计算两次聚类结果的 SSE 值，结果显示 SSE 值小的那个结果更好。

编程时间到!
下面是基本k-means算法的代码。

```python
import math
import random



def getMedian(alist):
    """get median of list"""
    tmp = list(alist)
    tmp.sort()
    alen = len(tmp)
    if (alen % 2) == 1:
        return tmp[alen // 2]
    else:
        return (tmp[alen // 2] + tmp[(alen // 2) - 1]) / 2


def normalizeColumn(column):
    """normalize the values of a column using Modified Standard Score
    that is (each value - median) / (absolute standard deviation)"""
    median = getMedian(column)
    asd = sum([abs(x - median) for x in column]) / len(column)
    result = [(x - median) / asd for x in column]
    return result


class kClusterer:
    """ Implementation of kMeans Clustering
    This clusterer assumes that the first column of the data is a label
    not used in the clustering. The other columns contain numeric data
    """

    def __init__(self, filename, k):
        """ k is the number of clusters to make
        This init method:
            1. reads the data from the file named filename
            2. stores that data by column in self.data
            3. normalizes the data using Modified Standard Score
            4. randomly selects the initial centroids
            5. assigns points to clusters associated with those centroids
        """
        file = open(filename)
        self.data = {}
        self.k = k
        self.counter = 0
        self.iterationNumber = 0
        # used to keep track of % of points that change cluster membership
        # in an iteration
        self.pointsChanged = 0
        # Sum of Squared Error
        self.sse = 0
        #
        # read data from file
        #
        lines = file.readlines()
        file.close()
```

```python
            header = lines[0].split(',')
            self.cols = len(header)
            self.data = [[] for i in range(len(header))]
            # we are storing the data by column.
            # For example, self.data[0] is the data from column 0.
            # self.data[0][10] is the column 0 value of item 10.
            for line in lines[1:]:
                cells = line.split(',')
                toggle = 0
                for cell in range(self.cols):
                    if toggle == 0:
                        self.data[cell].append(cells[cell])
                        toggle = 1
                    else:
                        self.data[cell].append(float(cells[cell]))

            self.datasize = len(self.data[1])
            self.memberOf = [-1 for x in range(len(self.data[1]))]
            #
            # now normalize number columns
            #
            for i in range(1, self.cols):
                    self.data[i] = normalizeColumn(self.data[i])

            # select random centroids from existing points
            random.seed()
            self.centroids = [[self.data[i][r]  for i in range(1, len(self.data))]
                            for r in random.sample(range(len(self.data[0])),
                                                    self.k)]
            self.assignPointsToCluster()

    def updateCentroids(self):
        """Using the points in the clusters, determine the centroid
        (mean point) of each cluster"""
        members = [self.memberOf.count(i) in range(len(self.centroids))]
        self.centroids = [[sum([self.data[k][i]
                            for i in range(len(self.data[0]))
                            if self.memberOf[i] == centroid])/members[centroid]
                        for k in range(1, len(self.data))]
                    for centroid in range(len(self.centroids))]



    def assignPointToCluster(self, i):
        """ assign point to cluster based on distance from centroids"""
        min = 999999
        clusterNum = -1
        for centroid in range(self.k):
            dist = self.euclideanDistance(i, centroid)
            if dist < min:
                min = dist
                clusterNum = centroid
        # here is where I will keep track of changing points
        if clusterNum != self.memberOf[i]:
            self.pointsChanged += 1
        # add square of distance to running sum of squared error
        self.sse += min**2
```

```python
        return clusterNum


    def assignPointsToCluster(self):
        """ assign each data point to a cluster"""
        self.pointsChanged = 0
        self.sse = 0
        self.memberOf = [self.assignPointToCluster(i)
                         for i in range(len(self.data[1]))]


    def euclideanDistance(self, i, j):
        """ compute distance of point i from centroid j"""
        sumSquares = 0
        for k in range(1, self.cols):
            sumSquares += (self.data[k][i] - self.centroids[j][k-1])**2
        return math.sqrt(sumSquares)

    def kCluster(self):
        """the method that actually performs the clustering
        As you can see this method repeatedly
            updates the centroids by computing the mean point of each cluster
            re-assign the points to clusters based on these new centroids
            until the number of points that change cluster membership
            is less than 1%.
        """
        done = False

        while not done:
            self.iterationNumber += 1
            self.updateCentroids()
            self.assignPointsToCluster()
            #
            # we are done if fewer than 1% of the points change clusters
            #
            if float(self.pointsChanged) / len(self.memberOf) <  0.01:
                done = True
        print("Final SSE: %f" % self.sse)

    def showMembers(self):
        """Display the results"""
        for centroid in range(len(self.centroids)):
             print ("\n\nClass %i\n========" % centroid)
             for name in [self.data[0][i]  for i in range(len(self.data[0]))
                          if self.memberOf[i] == centroid]:
                 print (name)
##
## RUN THE K-MEANS CLUSTERER ON THE DOG DATA USING K = 3
###
km = kClusterer('dogs2.csv', 3)
km.kCluster()
km.showMembers()
```

像前面层次聚类的程序代码一样，这里也将数据按列存储。考虑狗品种的数据，如果将数据表示成表单形式的话，整个数据看上去就像下面这个样子（身高和体重都做了归一化处理）：

breed	height	weight
Border Collie	0	-0.1455
Boston Terrier	-0.7213	-0.873
Brittany Spaniel	-0.3607	-0.4365
Bullmastiff	1.2623	2.03704
German Shepherd	0.9016	0.81481
...	...	...

而如果将该数据转换成 Python 的话，那么就可能得到如下形式的一个列表（list）：

```
data = [ data for the Border Collie,
         data for the Boston Terrier,
         ... ]
```

于是，可以指定完整的数据格式为：

```
data = [ ['Border Collie',   0, -0.1455],
         ['Boston Terrier', -0.7213, -0.873],
         ... ]
```

因此，我们现在是按行来存储数据的。这是一般意义上的做法，也是本书贯穿始终所用的方法。另一种可选的做法是首先将数据按列存储：

```
data = [ column 1 data,
         column 2 data,
         column 3 data ]
```

因此,对我们的例子来说,有:

```
data = [ ['Border Collie', 'Boston Terrier', 'Brittany Spaniel', ...],
         [ 0, -0.7213, -0.3607, ...],
         [-0.1455, -0.7213, -0.4365, ...],
         ... ]
```

这也是我们前面在层次聚类中的做法,这里对于 k-means 也将采取这种做法。这种做法的好处是会使得很多数学函数的实现更简单。我们可以在上述代码最前面的两个过程 getMedian 和 normalizeColumn 中看到这一点。由于我们按列存储数据,这些过程可以将简单的 list 作为输入参数。

```
>>> normalizeColumn([8, 6, 4, 2])
[1.5, 0.5, -0.5, -1.5]
```

构造方法 _init_ 的参数有两个,一个是数据文件的名称,另一个是 k,即算法输出的结果簇的数目。该方法从文件中读入并按列存储数据。然后通过 normalizeColumn 过程对数据进行归一化处理,该过程实现的是修改的标准分数(Modified Standard Score)方法。最后,算法从数据中选择 k 个元素作为初始中心点,并基于到初始中心点的距离将每个点分配到某个簇当中。整个分配过程使用的是 assignPointsToCluster 方法。

kCluster 方法通过反复调用 updateCentroids 来执行实际的聚类过程,后者计算每个簇的平均点然后通过 assignPointsToCluster 将点分配到簇当中,直到不足 1%的点不在簇之间切换为止。showMembers 方法的功能只是简单地显示一些结果。

上述代码运行于狗品种数据之后会产生如下结果:

```
Final SSE: 5.243159


Class 0
========
Bullmastiff
Great Dane
Class 1
========
Boston Terrier
Chihuahua
Yorkshire Terrier
```

```
Class 2
========
Border Collie
Brittany Spaniel
German Shepherd
Golden Retriever
Portuguese Water Dog
Standard Poodle
```

哇！这个小规模的数据集上聚类算法的效果非常好！

试试看

k-means 算法（k=4）运行于 cereal 数据集的结果质量如何？

- 甜的麦片是否聚在一起（Cap'n'Crunch、Cocoa Puffs、Froot Loops、Lucky Charms）？

- 全谷麦片是否聚在一起（100% Bran, All-Bran, All-Bran with Extra Fiber, Bran Chex）？

- Cheerios 麦片会和哪些麦片聚在一起？

在汽车 MPG 数据集上使用 k-means 聚类算法（k=8）？

这些车的聚类结果是否与你的预期相吻合？

试试看——解答

k-means 算法（k=4）运行于 cereal 数据集的结果质量如何？

- 甜麦片是否聚在一起（Cap'n'Crunch、Cocoa Puffs、Froot Loops、Lucky Charms）？

是的，所有这些甜麦片加上 Count Chocula、Fruity Pebbles 会聚到一个簇中。

- 全谷麦片是否聚在一起（100% Bran, All-Bran, All-Bran with Extra Fiber, Bran Chex）？

> - 仍然是的！Raisin Bran 和 Fruitful Bran 也聚到了这个簇中。
>
> Cheerios 麦片会和哪些麦片聚在一起？
>
> Cheerios 麦片似乎总是和 Special K 聚在一起。
>
>
> 在汽车 MPG 数据集上使用 k-means 聚类算法（k=8）？
>
> 这些车的聚类结果是否与你的预期相吻合？
>
> 该聚类方法会在该数据集上输出一个过得去的结果，但是某些罕见情况下会看到一个或多个簇的结果是空的。

总而言之，出现上述问题的原因在于，指定聚类结果簇的数目并不意味着 k-means 算法就会生成这么多非空簇。这也许是件好事。回到刚才的数据，看起来数据更自然地会聚成 2 组而我们想聚成 3 个组的尝试会失败。假设有 1000 个实例想聚成 10 个组，当我们运行聚类程序时其中两个组为空，这种结果可能暗示数据背后的一些结构信息。或许数据并非自然而然地会分成 10 组，于是我们可以尝试其他的分组可能（比如分成 8 组）。

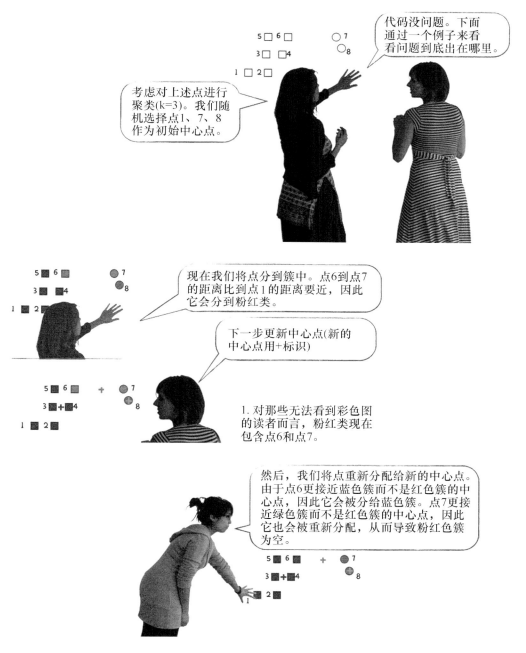

另一方面，有时指定 10 个簇时确实想要的就是 10 个非空簇结果。这种情况下，我们需要修改算法以便能够检测出空簇。一旦检测到空簇，算法就将该簇的中心点换到一个不同的点上去。一种可能的做法是将中心点切换到离它最远的那个点去。在上例中，一旦检测到粉色簇为空，就可以将其中心点切换为点 1，这是因为它到之前中心点的距离最远。也就是说，需要计算：

点 1 到粉色簇中心点的距离；

点 2 到粉色簇中心点的距离；

点 3 到粉色簇中心点的距离；

点 4 到粉色簇中心点的距离；

点 5 到粉色簇中心点的距离；

点 6 到粉色簇中心点的距离；

点 7 到粉色簇中心点的距离；

点 8 到粉色簇中心点的距离。

并选择上述距离最远的点作为空簇的新中心点。

(叹气)要使得k-means算法更快更精确是不是白日做梦啊？

只需对 k-means 进行简单的修改就可以实现这一点！新算法称为 k-means++。

甚至从名字上，新算法看起来更新、更好、更快，也更精确，这是一个超强版的k-means算法！

k-means++

上一节我们介绍了 k-means 算法的过去 50 年来的原始形式。正如我们看到的那样，该算法很容易实现，效果也不错。目前它仍然是世界上使用最广泛的聚类算法。但是它并非没有缺点。k-means 的一个主要缺点是第一步随机选择 k 个数据点作为初始中心点，随机就是问题所在。由于选择具有随机性，有时初始的中心点选择极佳从而导致近似最优的聚类结果。而有时候初始选择结果还行从而导致不错的结果。但是有时，由于选择的随机性，有时初始选择的中心点很差，导致结果非优。k-means++算法通过修改初始中心点的选择方法改进了这个不足。除此之外，新算法和 k-means 一模一样。

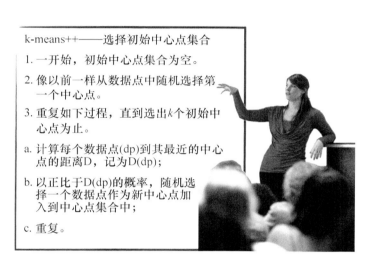

k-means++——选择初始中心点集合
1. 一开始，初始中心点集合为空。
2. 像以前一样从数据点中随机选择第一个中心点。
3. 重复如下过程，直到选出k个初始中心点为止。
a. 计算每个数据点(dp)到其最近的中心点的距离D，记为D(dp)；
b. 以正比于D(dp)的概率，随机选择一个数据点作为新中心点加入到中心点集合中；
c. 重复。

下面深入探讨"以正比于 D(dp) 的概率随机选择一个数据点作为新中心点"这句话的含义。为此，我将给出一个简单的例子。假设在上述过程的中段，我们已经选择两个初始中心点并即将选择另一个。因此，此时处于上述算法的第 3a 步。假设还剩下 5 个中心点待选，它们到现有两个中心点（c_1、c_2）的距离如下：

	Dc1	Dc2
dp1	5	7
dp2	9	8
dp3	2	5
dp4	3	7
dp5	5	2

Dc1指到中心点1的距离，
Dc2指到中心点2的距离。
dp1表示数据点1。

第 3a 步要求选择最近的距离，于是有：

	closest
dp1	5
dp2	8
dp3	2
dp4	3
dp5	2

现在我们将这些数字转换为和为 1 的小数（称为权重）。为此我们对原始的数字求和，该例子中该求和值为 20，于是将每个数字除以 20 得到如下结果：

	weight
dp1	0.25
dp2	0.40
dp3	0.10
dp4	0.15
dp5	0.10
sum	1.00

我喜欢将上述表格想象成一个下面一样的轮盘：

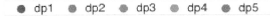

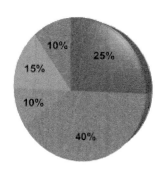

我们在该轮盘上扔个球，看看它到底停在哪儿，然后选择该处对应的点作为新的中心点。这就是我们说的"以正比于 D(dp)的概率随机选择一个数据点作为新中心点"这句话的含义。

下面用 Python 来大概模拟下上述过程。假设由包含数据点及其权重的元组构成列表（list）：

```
data = [("dp1", 0.25), ("dp2", 0.4), ("dp3", 0.1),
        ("dp4", 0.15), ("dp5", 0.1)]
```

roulette 函数会以正比于某个数据点权重的概率来选择该点：

```
import random
random.seed()

def roulette(datalist):
    i = 0
    soFar = datalist[0][1]
    ball = random.random()
    while soFar < ball:
        i += 1
        soFar += datalist[i][1]
    return datalist[i][0]
```

如果该函数真的按照正比于权重的方式选择点的话，我们可以预期在 100 次选择当中，有 25 次会选择 dp1，40 次选择 dp2，选择 dp3、dp4 和 dp5 的次数分别是 10、15 和 10。下面看看是否能达到这一点：

```
import collections
results = collections.defaultdict(int)
for i in range(100):
        results[roulette(data)] += 1
print results


{'dp5': 11, 'dp4': 15, 'dp3': 10, 'dp2': 38, 'dp1': 26}
```

很棒！我们的函数基本按照正确的比率返回数据点。

k-means++聚类的基本思想就是，虽然第一个中心点仍然随机选择，但其他的点则优先选择那些彼此相距很远的点。

到编程的时间了！

> ### 编程题
>
> 能不能用 Python 实现 k-means++算法？
>
> 再次提醒，k-means 和 k-means++算法代码的唯一区别在于选择初始中心点的方法不同。首先将原始的 k-means 算法的代码复制过来然后对它进行修改。原始代码构建初始中

心点的那行代码如下:

```
self.centroids = [[self.data[i][r]  for i in range(1, len(self.data))]
                    for r in random.sample(range(len(self.data[0])),
                                            self.k)]
```

下面将该行替换为:

```
self.selectInitialCentroids()
```

你的任务就是实现上述方法!

祝你好运!

编程题——解答

这里给出了我实现的 selectInitialCentroids 方法:

```python
def distanceToClosestCentroid(self, point, centroidList):
    result = self.eDistance(point, centroidList[0])
    for centroid in centroidList[1:]:
        distance = self.eDistance(point, centroid)
        if distance < result:
            result = distance
```

```python
        return result
    def selectInitialCentroids(self):
        """implement the k-means++ method of selecting
        the set of initial centroids"""
        centroids = []
        total = 0
        # first step is to select a random first centroid
        current = random.choice(range(len(self.data[0])))
        centroids.append(current)
        # loop to select the rest of the centroids, one at a time
        for i in range(0, self.k - 1):
            # for every point in the data find its distance to
            # the closest centroid
            weights = [self.distanceToClosestCentroid(x, centroids)
                       for x in range(len(self.data[0]))]
            total = sum(weights)
            # instead of raw distances, convert so sum of weight = 1
            weights = [x / total for x in weights]
            #
            # now roll virtual die
            num = random.random()
            total = 0
            x = -1
            # the roulette wheel simulation
            while total < num:
                x += 1
                total += weights[x]
            centroids.append(x)
        self.centroids = [[self.data[i][r] for i in range(1, len(self.data))]
                          for r in centroids]
```

> 完整的 k-means++ 聚类算法的 Python 代码可以从本书网站 http://guidetodatamining.com 下载。

小结

聚类就是发现（discovery）。但是，我们本章用到的一些简单例子可能遮掩了这个基本思想。毕竟，我们不需要计算机的帮助就可以对早餐麦片进行聚类，比如聚成含糖麦片、健康麦片等等。我们也知道如何对车模型进行聚类，比如 Ford F150 属于货车类，Mazda Miata 属于跑车类，而 Honda Civic 则属于节能类。但是考虑下列"发现"过程确实十分重要的任务。

> 当进行 Web 搜索时，我们会得到一个长长的结果列表。例如，当我刚刚在 Google 上搜索 "carbon sequestration" 时，会得到 2800 万条结果。许多研究人员都探讨过对这些结果聚类的好处。与显示与 carbon sequestration 相关的长长的列表不同的是，我们可能也会看到诸如 "carbon sequestration in freshwater wetlands" 和 "carbon sequestration in forests" 的结果类别。

> Josh Gotbaum 的团队对 3000 人进行了详尽的访谈，在访谈中主要询问有关价值观的问题。利用这些访谈结果将人们分成了 5 组。通过分别考察这 5 组，他们给出了 5 个组的描述：
>
> 1. 给人机会
> 2. 工作于社区
> 3. 实现独立
> 4. 关注家庭
> 5. 捍卫正义
>
> 于是访谈之后他们对不同组的人制作了有针对性的活动广告。
>
> ——来自克蒂芬·贝克（Stephen Baker）的 *The Numerati*

安然公司

或许你还记得安然（Enron）和安然丑闻（Enron Scandal）。在全盛时期，安然是巨型能源公司，其营业收入超过 1000 亿美元，雇员超过 20000 人（与此对比的是，微软公司的营业收入只有 220 亿美元）。由于公司的系统性贪污腐败，其中包括一次人为虚造能源短缺造成加

利福尼州大面积停电，安然公司最后破产，一些人进了监狱。有关这一事件，可以观看纪录片 Enron: The Smartest Guys in the Room，该纪录片可以以流方式从 Netflix 和 Amazon Prime 获得。

读到这里，你可能会想"喂，安然事件蛮有意思的，但是这与数据挖掘有啥关系？"

下面将对一小部分安然语料库进行聚类。为构建这里的简单测试语料库，我抽取出谁给谁发邮件这个信息并将这些信息表示到如下表格中：

	Kay	Chris	Sara	Tana	Steven	Mark
Kay	0	53	37	6	0	12
Chris	53	0	1	0	2	0
Sara	37	1	0	1144	0	962
Tana	6	0	1144	0	0	1201
Steven	0	0	2	0	0	0
Mark	12	0	962	1201	0	0

在本书网站提供的数据集中，我提取了 90 个人的上述信息。

假设我想对人进行聚类，以了解人们之间的关系。

链接分析

数据挖掘的一个完整子领域称为链接分析，它致力于解决这种类型的问题（评估实体之间的关系），针对这个任务有很多专用的算法。

试试看

能否对安然电子邮件数据集进行层次聚类？

可以从本书网站（http://www.guidetodatamining.com）下载该数据集，可能需要对代码做轻微的修改以便更好地与问题匹配。

祝你好运！

试试看——解答

在本书网站提供的数据集中，我提取了 90 个人的上述信息。我们基于邮件接收者对人进行聚类。如果我的邮件的大部分接收者是 Ann、Ben 和 Clara，而你的大部分邮件接收者也是这些人，那么上述证据表明我们在一个组。整个思路如下：

between ->	Ann	Ben	Clara	Dongmei	Emily	Frank
my emails	127	25	119	5	1	6
your emails	172	35	123	7	3	5

由于我们两人对应的行相似，我们会将两人聚在一起。当加入一些列时，会出现一个问题。

between ->	me	you	Ann	Ben	Clara	Dongmei	Emily	Frank
my emails	2	190	127	25	119	5	1	6
your emails	190	3	172	35	123	7	3	5

看看"me"这一列，你可能和我通信过190次，但是我只和自己发过两次邮件。"you"这一列的情况也类似。现在再看表中的两行，看起来不那么相似了。在加入"me"和"you"这两列之前，欧氏距离为46，而加入这两列后，欧氏距离变为269！为避免此类问题，我在计算两个人的欧氏距离时去掉了这两个人对应的列。这需要对距离公式做轻微的修改：

```python
def distance(self, i, j):
    #enron specific distance formula
    sumSquares = 0
    for k in range(1, self.cols):
        if  (k != i) and (k != j) :
            sumSquares += (self.data[k][i] - self.data[k][j])**2
    return math.sqrt(sumSquares)
```

下面给出了结果中的子树：

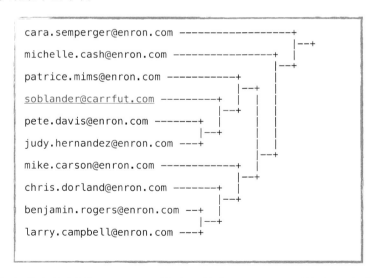

在该数据集上我也执行了k-means++算法（其中k=8），下面给出了我发现的一些组：

这些结果很有趣。类5中包含了一些交易商，Chris Germany 和 Leslie Hansen 都是交易商。Scott Neal 是交易部门副总裁，Marie Heard 是律师，Mike Carson 是东南区交易部门经理。类 7 的成员也非常有意思。据我所知，Tana Jones 是一名主管，Louise Kitchen 是在线交易部总裁。Mike Grigsby 曾经是天然气部副总裁。David Forster 曾是交易部副总裁。Kevin Presto（m.presto）曾经也是名副总裁和高级交易商。

```
Class 5
========
chris.germany@enron.com
scott.neal@enron.com
marie.heard@enron.com
leslie.hansen@enron.com
mike.carson@enron.com

Class 6
========
sara.shackleton@enron.com
mark.taylor@enron.com
susan.scott@enron.com

Class 7
========
tana.jones@enron.com
louise.kitchen@enron.com
mike.grigsby@enron.com
david.forster@enron.com
m.presto@enron.com
```

在安然数据中有很多有趣的隐藏模式，你能否找到一些呢？请下载完整的数据集，尝试一下！告诉我你的发现。

或者试一下对其他一些数据集进行聚类。记住，实践产生美！

还有，祝贺你结束这一章！